Contents
차례

메이커스 주니어: 06 다빈치파닥새 메이커스 주니어는 동아시아출판사의 브랜드 '동아시아사이언스'의 어린이·청소년 과학 키트 무크지입니다.

펴낸날 2024년 11월 8일 **펴낸곳** 동아시아사이언스 **펴낸이** 한성봉
편집 메이커스주니어 편집팀 **콘텐츠제작** 안상준 **디자인** 최세정
마케팅 박신용 오주형 박민지 이예지 **경영지원** 국지연 송인경
등록 2020년 4월 9일 서울중 바00222 **주소** 서울특별시 중구 필동로8길 73 동아시아빌딩

만든 사람들
책임편집 이동현
표지디자인 김선형 **표지일러스트** 이동현
본문디자인 김선형

www.makersmagazine.net
cafe.naver.com/makersmagazine
www.facebook.com/dongasiabooks
makersmagazine@naver.com

다빈치파닥새와 레오나르도 다빈치

르네상스 시대의 천재, 레오나르도 다빈치의 과학

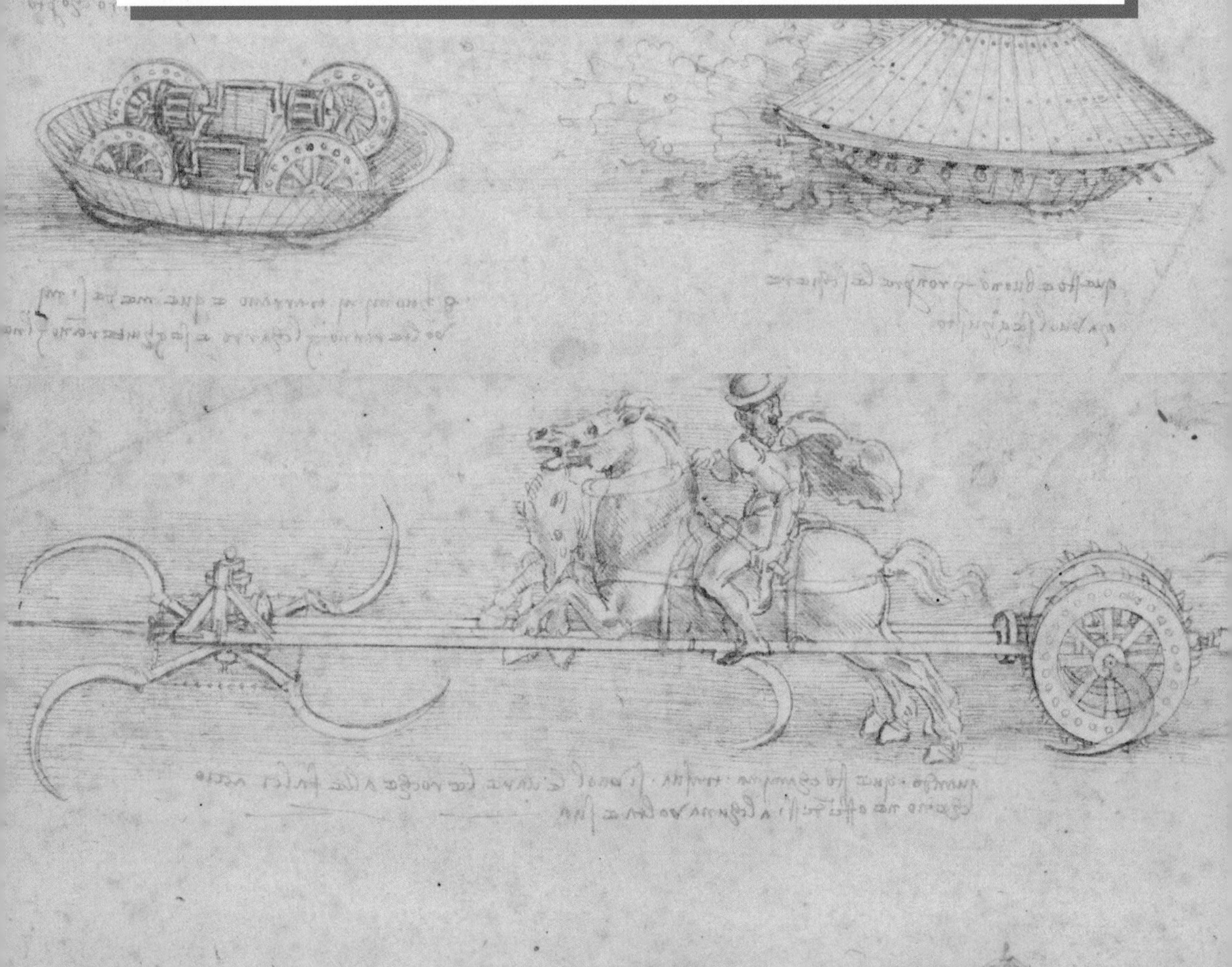

파닥파닥 날개를 치며 하늘을 나는 다빈치파닥새.
새처럼 자유롭게 하늘을 나는 것은 인류의 오랜 꿈이었고, 역사상 수많은 사람이 이 꿈에 도전했다. 르네상스 시대의 위대한 예술가이자 과학자, 레오나르도 다빈치도 그중 하나였다. 다빈치파닥새 키트를 날리며, 레오나르도 다빈치에 대해서 알아보자.

글: 메이커스주니어 편집팀

다빈치파닥새

'다빈치파닥새'는 새처럼 날개를 치며 날아가는 장치입니다. 이렇게 날갯짓하는 날개로 나는 장치를 '오르니톱터Orinithopter'라고 합니다. 'Orinithopter'라는 말은 그리스어로 '새'라는 뜻의 'ornithos'와 '날개'라는 뜻의 'pteron'가 합쳐져서 나온 단어입니다. 오르니톱터에는 기계장치로 된 날개가 있어요. 이 기계장치가 새의 날갯짓 동작을 흉내내며 새처럼 공중을 날죠. 오르니톱터가 실용적으로 활용된 사례는 아직 찾기 힘들지만, 영화 등에서는 종종 등장하곤 합니다.

우리의 '다빈치파닥새'도 새처럼 날개를 치며 파닥파닥 날아가는 오르니톱터의 일종입니다. 다빈치파닥새의 전기 회로에는 충전지 역할을 하는 콘덴서, 그리고 모터가 달려 있습니다. 콘덴서에 충전된 전력으로 모터를 돌립니다. 모터와 연결된 크랭크 장치가 날개를 왕복 운동하도록 만듭니다.

건전지상자에 건전지를 넣고, 단자에 연결하면 본체의 충전이 시작됩니다. 어느 정도 충전이 되면 단자에서 건전지상자를 뽑아주세요. 뽑는 즉시 작동이 시작되어, 충전된 전력이 모두 방전될 때까지 작동합니다. 완전히 충전되는 데는 10~15초면 충분합니다. 더 오래 꽂아두면 슈퍼콘덴서가 과열될 위험이 있으니 15초 이상 건전지상자를 꽂아두지 마세요!

날개 공기를 밀어내 양력과 추력을 만든다.

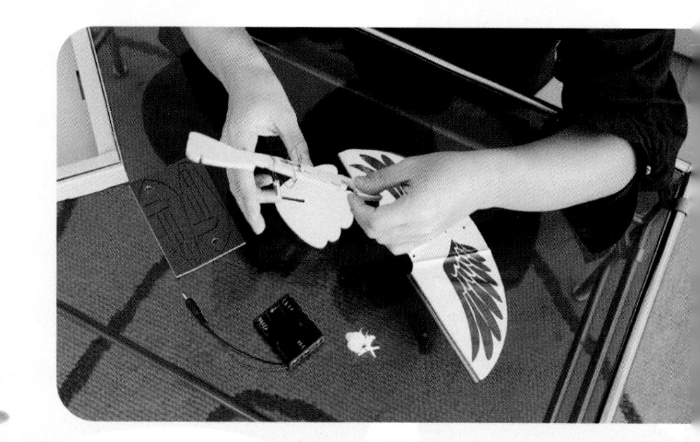

모터, 크랭크 전기의 힘이 모터를 돌리고,
크랭크가 모터의 회전을 날개의 왕복 운동으로 바꾼다.

콘덴서 전지 역할을 해서 전기에너지를 공급한다.

우리의 다빈치파닥새보다 더 복잡한 오르니톱터도 있습니다. 이런 오르니톱터는 주로 레저용, 과학 연구용으로 사용되고 있습니다. 날개의 관절을 다양하게 움직일 수 있어서, 진짜 살아 있는 새와 구분이 힘들 정도로 정교하게 움직일 수 있습니다. 새와 더 유사해서 복잡한 날개의 움직임이 가능해, 비행기보다 훨씬 민첩한 비행을 할 수 있지요.

레오나르도 다빈치의 삶

'다빈치파닥새'의 이름은 레오나르도 다빈치Leonardo da Vinci, 1452~1519의 이름을 따서 지어졌어요. 레오나르도 다빈치는 15세기 이탈리아에 살았던 사람입니다. 그가 가장 위대한 업적을 남긴 분야는 바로 미술이에요. 당대 최고의 화가이자 조각가로 유명했고, 지금도 그렇습니다. 유명한 〈모나리자〉와 〈최후의 만찬〉이 그의 작품이지요. 하지만 그는 매우 다양한 방면에 재능을 나타냈던 천재이기도 했습니다. 시대를 앞서간 과학 연구로도 유명하죠.

〈최후의 만찬〉(1494-1498)

그가 살았던 시대는 '르네상스 시대'였어요. 르네상스 시대는 14세기부터 16세기까지로, 유럽에서 문화와 예술, 자연과학과 철학 등 다양한 학문이 발전했던 시기였어요. 여러 분야에 다재다능했던 레오나르도 다빈치야말로 이러한 시대의 특징을 잘 보여주는, 대표적인 인물입니다. 다빈치의 이름은 지금도 창의적인 인물의 대명사입니다. 현재에도 그의 연구 노트가 전해지고 있는데, 이 노트를 보면 그가 얼마나 많은 분야에 깊은 관심을 가지고 연구했는지 알 수 있어요.

그는 미술가였던 만큼 인체에 관한 연구가 많습니다. 수많은 인체 스케치가 남아 있는 것은 물론, 사람의 몸속을 그린 해부도 또한 남아 있습니다. 이런 다빈치의 면모를 보여주는 작품으로는 〈비트루비우스적 인간〉이라는 그림이 유명합니다. 인체의 비례를 기하학적으로 분석한 그림입니다. 예를 들어, 사람이 두 팔을 벌린 너비는 그 사람의 키와 거의 비슷해요. 레오나르도 다빈치는 이런 인체의 비례를, 실제 사람을 관찰해가면서 연구했다고 해요.

〈비트루비우스적 인간〉(1490년 경)

그의 명성에 비하면, 현대까지 남아 있는 완성작이 그리 많지는 않은 편인데요, 그 이유를 그의 유별난 실험정신 때문이라고 말하는 사람들도 있습니다. 새로운 기법을 연구하며 새로운 방식으로 작품을 만들다보니, 작품이 빨리 망가지고 훼손에 취약했다는 것이죠.

다빈치와 과학 연구

레오나르도 다빈치는 화가로 가장 잘 알려졌지만, 여러 방면에 천재적인 재능을 보였던 인물이었던 만큼 과학 연구로도 유명합니다. 그는 여러 가지 발명에도 열정이 많았습니다. 장갑차, 투석기 등의 기계장치 스케치가 그의 노트에 남아 있습니다.

그중에는 일종의 '헬리콥터'와 같은 기계장치도 있어요. 다빈치의 헬리콥터는 나선 모양의 날개를 돌려 공기를 아래로 밀어내는 구조로 그려져 있습니다. 실제로 날 수 있는 형태는 아니지만, 레오나르도 다빈치는 하늘을 날 수 있는 기계에 관해서도 관심이 많았던 것으로 보입니다.

이런 그의 관심을 보여주는 스케치 중 하나가 오르니톱터입니다. 그의 노트에는 새나 박쥐의 날개와 비슷한 기계장치의 모습이 남아 있어요. 그가 구

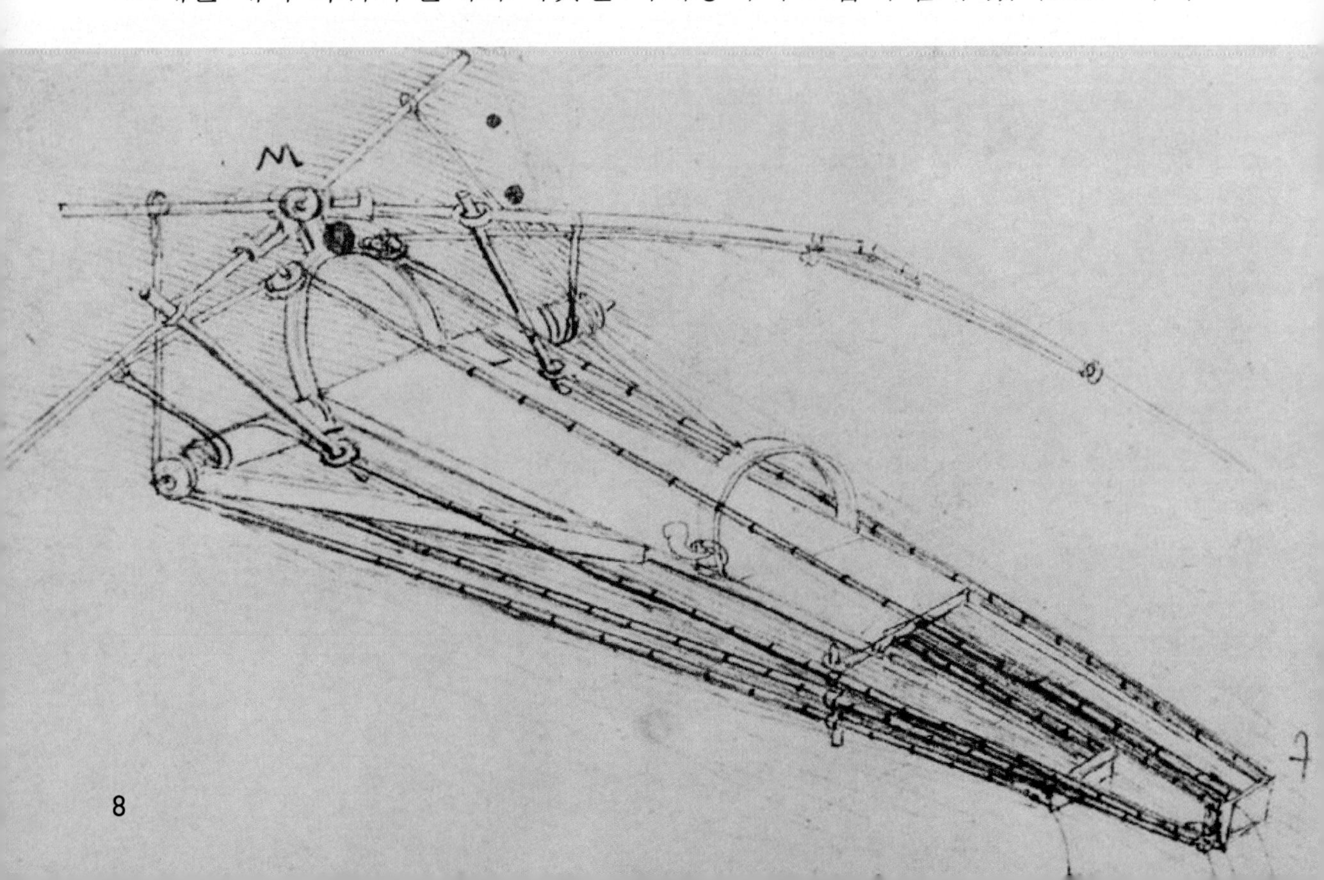

상한 오르니톱터는 사람의 힘으로 움직이는 장치였습니다. 그러나 이 오르니톱터를 실제 사람이 타고 날았다는 기록은 없습니다.

사람은 새와 달리 근육의 힘만으로 하늘을 날기란 어렵지요. 새는 몸집에 비해 몸무게가 무척 가볍지만, 이 몸무게를 지탱하는 날개 근육은 매우 크고 튼튼해서 공중에 몸을 띄울 수 있습니다. 하지만 그가 새나 박쥐 등 하늘을 나는 생물들의 모습을 연구했던 것만은 사실로 보입니다. 현대에도 생물의 모습에서 여러 과학 기술을 연구하는 것을 생각하면, 그의 놀라운 통찰력을 엿볼 수 있습니다.

우리의 '다빈치파닥새'는 전기의 힘으로 움직이는 모터가 날개를 움직여 비행합니다. '다빈치파닥새'를 통해 우리도 자연과 과학에 관심을 가지고 레오나르도 다빈치의 탐구 정신을 배워보도록 해요.

하늘을 나는 꿈

이카로스부터 드론까지, 비행기 발달의 역사

글: 이준호
청주교육대학교에서 초등교육을 전공했습니다. 저서로는『한 권으로 끝내는 세상의 모든 과학』,『과학이 빛나는 밤에』가 있습니다. 지금은 인천의 초등학교에서 근무하며 아이들을 위한 과학동영상 콘텐츠 제작에 힘쓰고 있습니다.

인류는 예로부터 새처럼 하늘을 날고 싶은 꿈이 있었다.
사람들은 왜 그토록 하늘을 날고싶어 했을까?
지금의 비행기가 탄생하기까지 어떤 실패를 겪었을까?
또 그 실패에서 무엇을 배웠을까?
이카로스의 신화부터 열기구, 비행선, 그리고 현대의 제트기까지,
인간의 오랜 꿈을 실현하기 위한 사람들의 노력을 되짚어보자.

〈이카로스를 위한 탄식〉, 허버트 제임스 드레이퍼, 1898년.

날고 싶은 꿈

인간은 오래전부터 새처럼 하늘을 날고 싶은 꿈이 있었습니다. 저 높은 곳에서 세상을 내려다보는 것은 마치 신이 된 듯한 전능함과 자유로움을 느낄 수 있는 일이었죠. 그래서 사람들은 연이나 풍등처럼, 사람이 탈 수는 없지만 하늘을 나는 물체를 만들어내기도 했습니다. 왜 사람은 하늘을 날고 싶어할까요?

이카로스 신화는 날고자 하는 인간의 욕망이 가장 잘 드러난 그리스 신화입니다. 이카로스는 아테네 출신의 건축가인 다이달로스의 아들이었습니다. 다이달로스와 이카로스는 미노스왕의 명령을 어긴 죄로 미궁에 갇히게 됐죠. 미궁의 미로 속에 갇힌 부자는 빠져나갈 방도를 도저히 찾을 수 없었습니다. 설사 미로를 빠져나간다 해도 미궁 밖을 군사들이 철통같이 지키고 있어서 소용이 없었죠. 답답했던 다이달로스는 유일하게 뚫려있던 하늘을 쳐다봤고 새들이 미로 위를 빙빙 돌다가 깃털을 떨어트린다는 사실을 발견했습니다. 순간 다이달로스에게 아이디어가 떠올랐죠. 다이달로스는 깃털을 열심히 모았습니다. 미궁의 벌집에 있는 밀랍도 긁어왔어요. 다이달로스는 깃털과 밀랍을 이용해 날개를 만들었습니다. 다이달로스는 이카로스에게 날개를 달아주며 주의를 줬죠.

"아들아, 너무 높게 날아오르면 안 된다. 태양이 밀랍을 녹여 버릴 거야. 그렇다고 너무 낮게 날면 날개가 물에 젖어버릴 거야. 적당한 높이로 날아야 한다."

부자는 날개를 달고 하늘로 힘차게 날아올랐고 비행은 성공적이었죠. 하지만 탈출을 눈앞에 둔 순간 이카로스는 하늘 나는 기분에 들떠서 더 높이 날아오르기 시작했습니다. 태양열에 밀랍이 녹는 줄도 모르고 이카로스는 비행에 도취해서 계속 높이 날아오르기만 했죠. 결국 날개는 망가졌고 이카로스는 추락해 죽고 말았습니다.

이 외에도 기원전 1,500년경 페르시아의 왕 카이 카우스는 독수리가 끄는 왕좌에 앉아서 하늘로 올라갔다는 이야기도 전해 내려오고 있고요. 그리스 알렉산더 대왕은 독수리처럼 생긴 상상 속 동물인 그리핀이 끌어주는 궤짝을 타고 하늘을 날았다는 전설도 있어요. 일반적으로 고대에 하늘을 나는 일은 신이나 왕 같은 고귀한 존재만이 할 수 있는 특권으로 여겨졌습니다.

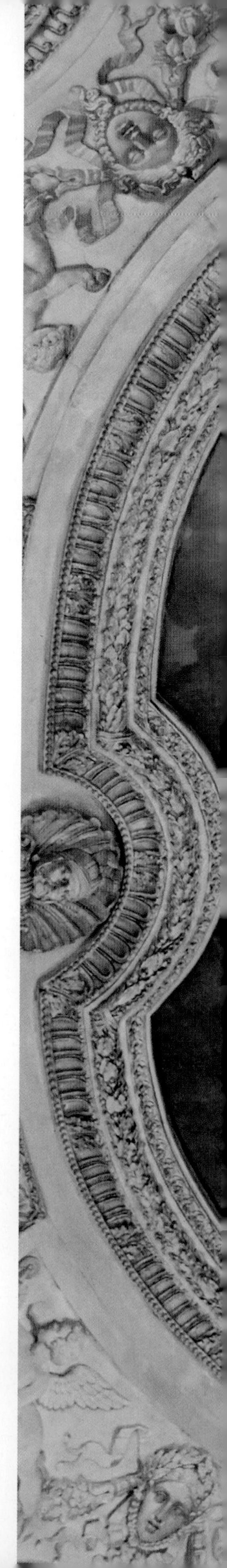

〈이카로스의 추락〉, 메리 조제프 블롱델, 1819년.

다빈치의 오르니톱터와 조선의 비거

“새를 만든 자는 역사에 길이 남을 명성과 변치 않는 영광을 얻으리라”

—레오나르도 다빈치

르네상스 시대를 풍미했던 다재다능한 천재 레오나르도 다빈치는 비행에 대해 과학적으로 접근했던 사람입니다. 그는 비행체에 매우 관심이 많았을뿐 아니라, 하늘을 나는 것이 평생의 꿈이기도 했죠. 그는 자연 속에서 힌트를 얻으려고 노력했습니다. 새가 기류 속에서 날개를 어떻게 움직이는지, 날개 밑에서 공기의 소용돌이가 어떻게 일어나는지까지 꼼꼼히 분석했습니다. 그는 헬리콥터, 글라이더 등 다양한 비행 아이디어를 생각해냈죠. 그의 노트에는 하늘을 나는 기계의 스케치가 남아 있는데 그중엔 헬리콥터와 비슷한 장치도 있고, 새처럼 날개 치는 동작을 하는 장치의 스케치도 있습니다.

그중 새처럼 날갯짓하는 비행체를 ‘오르니톱터’라고 부릅니다. ornithopter는 그리스어로 ‘새’를 의미하는 ‘ornithos’와 ‘날개’를 뜻하는 ‘pteron’이 합쳐져 만들어진 말이죠. 옛날 사람들이 구상했던 오르니톱터는 두 가지 종류가 있는데 하나는 인간 근육의 힘으로 작동되는 것이고 다른 하나는 엔진의 힘으로 작동되는 것입니다. 레오나르도 다빈치의 오르니톱터는 인간의 근육으로 동작하는 오르니톱터였죠. 다빈치의 오르니톱터는 박쥐의 날개를 본떠 만든 비행체였습니다. 비행사가 판자 위에 누워 핸드레버, 발페달 및 도르래 시스템을 사용하여 날개를 작동시키는 장치였죠. 실제 이 기계가 만들어져 하늘을 날았는지는 알 수 없지만, 하늘을 나는 최초의 사람이 되고자했던 한 천재의 열정은 확실히 느낄 수 있습니다.

우리나라에서도 조선시대에 비행기를 만들었다는 기록이 있습니다. 자료에 따르면 전라도 김제군 출신의 정평구(鄭平九, 1566?~1624?)라는 사람이 '날으는 수레'라는 뜻의 비거(飛車)를 만들었다고 해요. 1592년 임진왜란 진주성 전투 때 이 비거를 외부와 연락하는 데 이용했다고도 합니다. 심지어 영남

비ᄒᆡᆼ긔칭찬이라들저날십구일의오후 여섯시사십분불ᄌᆞᆫ척ᄂᆞᆨ벗이셔산에 잡기라ᄒᆞᄂᆞᆫ한강가로모리바닥에셔 두번저거ᄒᆡᆼᄒᆞ얏더라 첫날에졍공ᄒᆞᆫ 소문을드른 경셩사ᄅᆞᆷ은 구경갈ᄆᆞ음을금치못ᄒᆞ야 두츠례의큰긔챠ᄂᆞᆫ 비ᄒᆡᆼ긔 구경가ᄂᆞᆫ사ᄅᆞᆷ이 가득ᄒᆞᆫ셩황으로 여섯시ᄭᅥ지나 먼저ᄂᆞᆫ젼날과ᄀᆞᆺ치 넓은마당에 사ᄅᆞᆷ이 가득히벌녓ᄂᆞᆫᄃᆡ 륙시삼십분 명예잇ᄂᆞᆫ비ᄒᆡᆼ가 고좌우씨ᄂᆞᆫ

▲털모ᄌᆞ와털옷 의비ᄒᆡᆼᄒᆞᄂᆞᆫ 의관으로비ᄒᆡᆼ긔우에안저고동을틀며 츄진긔(推進機)의도라가ᄂᆞᆫ소ᄅᆡ가굉장히들리더니 오쳔관긱의 박수갈치ᄒᆞᄂᆞᆫ가온ᄃᆡ에 수삼십간을 살ᄀᆞᆺ치달녀가며 공즁으로놉히소ᄉᆞ 불ᄀᆞᆺᄒᆞᆫ여름ᄂᆞᆯ 기우려진쳑양볏을바라보며 놉히ᄂᆞᆯ아가ᄂᆞᆫ모양은 쳥랄상쾌ᄒᆞᆫ일이라 혹은멀니돌며 하ᄂᆞᆯ만치여다보며 갈치ᄒᆞᄂᆞᆫ관긱을마음ᄃᆡ로깃겁게ᄒᆞᆫ다 ᄯᅥ우두어간되ᄂᆞᆫ얏흔곳에셔두번ᄯᅥ도라큰비ᄒᆡᆼ을 무ᄉᆞ히맛치고 ᄯᅥ우에도착ᄒᆞ야이번비ᄒᆡᆼ은 대셩공으로 웃을맛츄엇더라

▲飛行機를見ᄒᆞ고

그림으로도만히보고 말로도만히드럿지만은 실물을갓가히ᄃᆡᄒᆞ야 ᄌᆞ셔히보기ᄂᆞᆫ 이번쳐음이라 비ᄒᆡᆼ긔비ᄒᆡᆼ긔ᄒᆞ고 쎄게에ᄯᅥ들기ᄂᆞᆫ 발셔륙칠년젼 구미각국의일이라 이졔그사ᄅᆞᆷ들은 임의비ᄒᆡᆼ긔라ᄂᆞᆫ것을 신긔히녁이ᄂᆞᆫ싱각이 업셔지고 웅쟝ᄒᆞᆫ뎨격이반공에둥둥ᄯᅥ단이ᄂᆞᆫ것을볼쇄에우리가 ᄌᆞ힝거나뎐차단이ᄂᆞᆫ것을보ᄂᆞᆫ것과갓치 심상이보ᄂᆞᆫ터이라 그러나우리동양에ᄂᆞᆫ이졔비로소 비ᄒᆡᆼ긔의쇼식이 잇다금 우리의귀를 울니고뎌욱

▲죠션산쳔이 풀노페라쇼리에놀나기ᄂᆞᆫ이번이겨우두번지라 그 약슬ᄲᅮᆫ이러니 다ᄒᆡᆼ히이번고좌우(左右)군의큰비ᄒᆡᆼ이쳐음으로 우리의 정신을놀납게ᄒᆞ얏도다 아츰에한양공원에셔 몃쳔쳑공즁을놀어 흑운을헤치고 ᄇᆞᆰ은ᄂᆞᆯ무릅쓰고 쇼식간에놀아드러오ᄂᆞᆫ것을 볼ᄯᅢ에ᄂᆞᆫ ᄆᆞ음어송구ᄒᆞ고

▲ᄉᆞᄉᆞ로놀나 울ᄂᆞᆫ의지못ᄒᆞᆯ뿐ᄀᆞ더니 오후에다시 르랑진으로 차져가 비ᄒᆡᆼ긔ᄂᆞᆫ너어두ᄂᆞᆫ 고간에드러가 비ᄒᆡᆼ긔쥬인의리약이도듯고 갓가히잇셔 왼갓것을ᄌᆞ셰히보고 비ᄒᆡᆼ을시작ᄒᆞᆯᄯᅢ에이르러 밍렬히 도라가ᄂᆞᆫ 풀노페리의소ᄅᆡ가이러남과 한가지혈뎍놀어 로랑진 넓은사쟝을 도라 먹을것을훔키려ᄒᆞᄂᆞᆫ 솔기미와한모양으로 곱헛다나쳣다 십여분동안이나 놀어단이다가 ᄯᅥ나려가든ᄌᆞ리에 다시도라오ᄂᆞᆫ것을보니 참마암으로 쾌ᄒᆞ기도한량업고 쟝ᄒᆞ기도

▲한이업도다 ᄌᆞ셰ᄒᆞᆫ긔계의 셜명은 뎐일에도ᄒᆞ얏고 뒤에도ᄒᆞ려니와다만구경ᄒᆞᆫ감샹은여러사ᄅᆞᆷ이일반일지라엇지한번다시싱각ᄒᆞ면셰샹에졈노이ᄀᆞᆺ치신긔ᄒᆞᆫ를건이싱길진ᄃᆡ 필경사ᄅᆞᆷ의몸이그ᄃᆡ로펄ᄶᅧ날어단일ᄯᅢ도잇스리로다 그러나이를보고 더욱깁히 마음에감동되ᄂᆞᆫ것은 그비ᄒᆡᆼᄒᆞᄂᆞᆫ것을 발명ᄒᆞᆫ것은 발셔삼빅여년젼에 우리의조상이 임의발명ᄒᆞ엿든것이라 쳐음듯ᄂᆞᆫ사ᄅᆞᆷ은 아마놀나겟지마ᄂᆞᆫ

▲림진란리에 경남진쥬셩이 함낙되얏슬ᄯᅢ에 그디방에사ᄂᆞᆫ 뎡평구(鄭平九)라ᄂᆞᆫ이가긔계를만들어공즁을날너 셩안으로들어가 자긔의친구를 구ᄒᆞ야 ᄂᆡ엿다ᄂᆞᆫ ᄉᆞ젹이력ᄉᆞ에 분명이잇스니 그긔계도 ᄯᅩᄒᆞᆫ지금것과ᄀᆞᆺᄒᆞᆫᄂᆞᆫ지ᄂᆞᆫ 질청히말ᄒᆞᆯ슈업스니엇지ᄒᆞ얏던지공즁을날으기ᄂᆞᆫ일반이라일로볼진ᄃᆡ우리도얼마나됴흔죠상을뫼셧스며 후셰의사ᄅᆞᆷ은 얼마나

ᄉᆞ뎡목륙십구번디에사ᄂᆞᆫ 변츈길(邊春吉)의먹여기르ᄂᆞᆫ 셔양긔한머리의 이ᄇᆡᆨ원ᄶᆞ리를 쥬인놈니훔치여죽여가지고 그고기와털가죽을일원이십젼에팔아셔 네자가분빈ᄒᆞ야먹은일이 발각되야 북부경찰셔에잡히여취됴를맛치고 경셩디방법원 검ᄉᆞ국으로압송ᄒᆞ엿다더라

●자ᄂᆞᆫ즁에도적 어젹씌스무날오젼네시가량쯤되야 경셩즁부훈동(勳洞)사ᄂᆞᆫ 죠명구(趙命九)씨ᄂᆞᆫ경셩즁부어의궁동(於義宮洞)그쇼실의집에셔자ᄂᆞᆫ즁 엇던도젹의게 슈평도쟝한ᄀᆡ 기타시계를일헛다더라

[illegible]

▲손ᄭᅳᆷ보고 경셩동부양ᄉᆞ골사ᄂᆞᆫ뎡바위와 림원명은 진부어타ᄂᆞᆫ잡기를ᄒᆞ다가잡히여 불기열다섯ᄭᅵ식

▲쇼를미고 경셩동부례지동사ᄂᆞᆫ리지룡은 길거리에 쇼를함부루미여둔열로 교통방히로 과료금삼십젼

▲안면방히 챵신동사ᄂᆞᆫ장츈셩은깁흔밤즁에 소리를놉혀ᄯᅥ드러가며 노ᄅᆡ를부르다가 잡히여 과료쳐분

▲쥬의ᄒᆞᆯ일 종로오뎡목사ᄂᆞᆫ쟝영식은리발ᄒᆞᄂᆞᆫ그릇에소독을아니ᄒᆞᆫ일로 위싱방히로과료이십젼

▲불놀켜라 한강동사ᄂᆞᆫ김득쇼은비오기등다로불업ᄂᆞᆫ구루마를쓸고가다가과료금에쳐ᄒᆞ얏더라

▲일원어어 황금뎡이뎡목일ᄇᆡᆨ팔십삼번송병필은작일오젼즁부뎐동가로에셔 돈일원을엇어 본사에맛기고쥬인을고ᄃᆡ

歐洲列國誌 (七)

구쥬렬국지

▲암살자의ᄌᆞ빅▼

이러ᄒᆞᆫ일 더러ᄒᆞᆫ일에 오디리창ᄃᆡᄂᆞᆫ

고성에 갇혀있는 성주를 30리 밖으로 탈출시키는 데 성공했다고도 해요. 하지만 아쉽게도 그 형태와 구조에 대한 내용이 남아 있지 않습니다. 조선시대 비거의 진위여부는 불확실하지만, 이러한 자료들만 보아도 우리 조상들이 하늘을 나는 기계에 관심이 많았다는 사실을 알 수 있습니다.

사진은 일제강점기였던 1914년 8월 21일 매일신보에 실린 기사(3면 4단)입니다. 당시 우리나라에서 열렸던 비행대회에 관한 내용인데요, 이 기사에도 임진왜란 때의 정평구 비거(비차)에 대해서 언급하고 있네요.

半島飛行界의 一大新記錄

데이일의 비힝대회 ‖ 두긔 챠가
모다만원 ‖ 셕양볏에 비힝긔 ‖
놉핫다나졋다 ‖ 이리로져리로

「작년것보다는볏관이데[illegible]라는말은경
셩근쳐 사름의입을열면 옴기는이번
비힝긔칭찬이라 둘저날십구일의오후
려나작년에는 그셩젹이 죠치못흐얏
셧고 다만그모양이 엇던것을 잠간보
얏슬뿐이러니 다힝히이번고좌우高

[illegible] 면셔민심 [illegible] 는국에자 [illegible] 되야 젼 [illegible] 것이라 그 [illegible] 戰爭)後에 [illegible] 누르고 청 [illegible] 동반도(遼 [illegible] 보니게훈 [illegible] 슨리익을 [illegible] 심흐면 판 [illegible] 즉시교쥬 [illegible] 동데의아오 [illegible] 사령관(極 [illegible] 나의권리 [illegible] 너의쇠깃 [illegible] 는죠칙을 [illegible] 라그이듬 [illegible] 에의흐야 [illegible] 의소원을 [illegible] 초에는션 [illegible] 리피친왕 [illegible] 터는바로 [illegible] 얏스니 이 [illegible] 이 [illegible] 국이교쥬
민어디훈헤은 두쵸드른비이라 그당
시의 교쥬만은 국히소조젹막훈히안
으로 져오사오식모혀잇는어촌이 각
쳐에흣허잇셧더니 져오십오년의 쳬

월이지난 금일의교쥬만은 인구가십
칠만이오 도회의거쥬흐는빅셩즁 덕
국사름이이쳔명 덕국륙히군인이 삼
쳔명 일본인이이빅여명 지나인이삼
만오쳔명이오 일년에항구로 츌입흐
는빅가 팔빅여쳑이라 덕국정부가이

열다섯희동안 항구에버린

돈은나라보죠금이일억스쳔오빅륙십
구만막크(팔쳔칠빅구십팔만원)요교
쥬만의슈입으로십년동안쓴것이일억
륙쳔오빅만막크 (팔쳔스빅오십만원
을허비흐야 이항구한아를 기쳑흐기
에 대략이억만원의막대훈 금젼을드
렷다흐니 놀나온큰돈이안인가 항구
와시가와 슈도와뎐긔와등디와 기타
셜비는 이억만원의남아지 그림쟈로
미우홀릉흐다흐읍되다 이와굿치 덕
국이익를쓰고 힘을드린

웅장훈항구 도본국의젼졍

으로인흐야 덕국청부는 일본에게젼
반권리를 넘기던지 그럿치안이흐면
이십삼일이 지난후는 참혹훈대포의
관역이되지 안이치못흐리니 아지못
게라 덕국의의향이과연엇더훈가 이
억만원과 십오년의졍력이 엉긔인겁
을 곱게니여노흐랴는가 그럿치안코
뷔인터만남시셔지 셔로닷호아 참혹
히니여바리고져흐는가 여하간 이십
삼일졍오는 동양의편단위텩가 셔로
갈리는쎄이로다

졔울너 ㅈ포ㅈ긔훈것을 가히알지로
다 만일우리가능히조샹의뜻을 이어
더욱발달흐얏드면 〃셰샹에비힝긔구
경군은 몬져우리죠션으로 모헛스리
로다(天風)

三日快遊흐고遠飛

……계집다리고흠신놀고
……모로는걸에삼십륙계

경셩즁부모곡(帽谷)칠십통십호에사
는최용희(崔容熙)장ᄉ동(長沙洞)팔
십통팔호에사는김녕진(金寧鎭)경셩
동부느리골(於義洞)륙십ᄉ통일호에
사는 리죵쳘(李鍾喆)세명은 원릭부
랑탕ㅈ로 쥬식에만 힘을쓰는터이라
쳬명이의론흐고 경청남부시곡 (詩
谷)계집세명을 졀노다리고가셔한번
잘놀차로 미일미명에 륙원식작뎡
흐야 나흘간유흥코져약속흐고 시곡
최현슈(崔賢洙)와셔덕긔(徐德基)등
의다리고잇는 계집놈짝을지여 시문
밧 진관졀(津寬寺)로나아가셔 질탕
히 사흘밤낫을잘놀고 또훈그졀밤파
는즁을식혀 료리오십[illegible]원의치를엇
어다먹은후 그큰쳐산에올나가셔 산
보흐며 계집을다리고단이다가 한놈
두놈식몸을쎗쳐 모다도망흐고 계집
쳬명만 울연히 산샹에남아잇슴으로
ㅈ연쇼요가되야 아모리 죵젹을ㅊ지
나망연홈으로 포쥬되는 최현슈등은
그런ᄉ유로 북부경찰셔에 고소흐야
목하에죠ᄉ즁이라더라

귀빅쟝의귀동틔

경셩즁부슈표교(水標橋)이번디에사는귀빅
장김룡셕(金龍石)쉬룰한살된자와하
교(河橋)사는 김츈하(金春夏)슈를
다셧살된자와 김대셩(金大成)황로
마(黃老馬)등네명은 본월닷시날하
오한시경에 경청남부 신맛지(新町、
ᄉ뎡목륙십구번디에사는 변츈길(邊

被燒商店을 全修

비행기 이전의 비행체, 열기구

비행에 대한 첫 번째 해결책은 엉뚱하게도 새의 날개가 아닌 다른 곳에서 나왔습니다. 프랑스 리옹 근처에서 제지 공장을 운영하던 몽골피에Montgolfier 형제는 어느 날 불 위에서 뒤집어진 종이 봉지가 위로 붕 떠오르는 현상을 보게 됐죠. 바로 이 관찰이 열기구의 효시가 됩니다. 몽골피에 형제는 뜨거운 공기로 가득 찬 큰 풍선을 만들기 시작했고, 드디어 1783년 6월 4일 직경 10m의 커다란 열기구로 시험비행에 성공했습니다. 이 역사적인 첫 비행에 탑승객은 양, 거위, 닭이었어요. 베르사유에서 3km 이상 비행을 한 다음 승객들 모두 안전하게 착륙할 수 있었죠.

자신감을 얻은 몽골피에 형제는 유인 비행에 도전했습니다. 1783년 11월 21일, 파리에서 물리학자 필라트르 드 로지에pilatre de Rozier와 육군 장교 마르키스 다란데스Marquis d Arlandes는 몽골피에 형제의 열기구를 타고 22m 높이까지 날아올라 15m 비행에 성공했죠. 인류 최초

〈몽골피에 형제의 기구〉

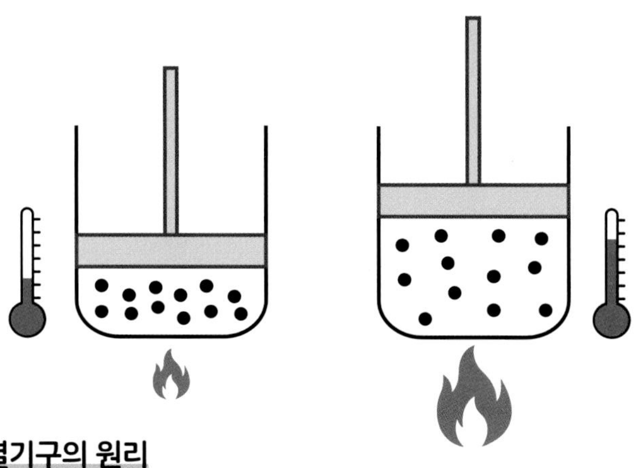

열기구의 원리

열기구는 연료를 태워 뜨거운 공기를 풍선 안에 불어넣는 구조입니다. 공기가 데워지면 공기 분자들의 운동이 활발해지고, 분자간의 거리가 멀어져서 부피가 커집니다. 즉, 같은 부피라면 풍선 안의 뜨거운 공기가 풍선 바깥의 차가운 공기보다 더 가볍습니다. 그래서 열기구는 공중으로 뜨게 됩니다.

로 인간이 하늘을 나는 데 공식적으로 성공한 겁니다.

이후로 1783년에는 프랑스의 자크 세사르 샤를Jacques Alexandre César Charles이 뜨거운 공기가 아닌 수소를 채운 기구를 이용해 하늘로 날아올랐고, 무려 43km 비행에 성공합니다. 2년 뒤에는 최초로 승객을 태운 기구가 영국해협을 건너기도 했죠. 1794년에는 프랑스 육군이 포격 사정거리를 알아낼 목적으로 기구를 이용하기까지 합니다. 덕분에 벨기에 플뢰루스 전투에서 프랑스군은 오스트리아군에 맞서 대승할 수 있었죠. 하지만 추진장치가 없던 기구로는 원하는 목적지까지 날아가기가 매우 힘들었기 때문에, 상용화되기는 어려웠습니다.

비행기 이전의 비행체, 비행선

비행선은 가벼운 기체가 든 풍선에 추진 장치를 단 것입니다. 최초의 비행선은 프랑스의 앙리 자파르Henri Giffard가 증기기관을 이용해 만들었습니다. 하지만 증기기관 자체가 너무 무거웠기 때문에 비행선의 추진 장치로 어울리지는 않았죠. 추진 장치를 갖춘 비행선은 더 작고 효율적인 내연기관의 등장으로 비로소 발전하게 됩니다.

독일의 페르디난트 폰 체펠린Ferdinand von Zeppelin 백작은 '비행선의 아버지'로 불리는 사람입니다. 체펠린 백작이 처음 만든 비행선은 길이가 128m에 달했죠. 이제 비행선은 내연기관의 힘으로 원하는 목적지를 향해 날아갈 수 있었고 군사용, 상업용으로 두루 쓰이게 됩니다. 체펠린의 비행선은 1만 명이 넘는 승객을 수송해냈고 비행거리도 16만 km가 넘었죠. 1차세계대전이 발발하면서 승객 운송은 멈춰야 했지만, 대신 독일군이 런던을 폭격할 때 이용하기도 합니다.

▲ 1926년, 노르웨이에서 찍은 탐험 비행선의 사진.
(출처: National Library of Norway, flickr.com)

전쟁이 끝난 후 비행선은 더욱 개량되었고 길이 245m, 최대속도 128km/h, 태울 수 있는 승객의 수는 거의 백여 명에 달했습니다. 화려한 선실을 갖춘 이 비행선은 대서양을 넘어 뉴욕, 로스엔젤레스, 태평양을 넘어 도쿄를 경유해 지구를 한 바퀴 도는 위업을 달성하기도 했죠. 당시에 그 어떤 비행기도 비행선처럼 많은 승객을 태우고 멀리 날아갈 수는 없었습니다. 비행선은 기체의 부력으로 자연스럽게 떠오르기 때문에 비행기처럼 많은 에너지가 들지 않았고, 덕분에 이런 장거리 비행이 가능했죠.

하지만 유명한 힌덴부르크호 참사로 인해 비행선의 시대는 종말을 고하게 됩니다. 힌덴부르크호가 대서양을 횡단해 미국 뉴저지 레이크 허스트 공항에 착륙하려는 순간, 알 수 없는 이유로 비행선을 가득 채우고 있던 수소에 불이 붙으면서 큰 폭발이 일어나게 됩니다. 이 장면이 기자의 카메라에 잡혔고 지금도 생생하게 사진을 통해 볼 수 있죠. 사고로 인해 승객 중 34명이 사망하면서 장거리 여객용 비행선은 한창 발전하고 있던 비행기에 밀려 역사의 뒤안길로 사라지게 됩니다.

▲ 1937년, 힌덴부르크호 폭발 사건 당시의 사진.
(출처: Wikimedia)

라이트형제, 시작과 실패

세계 최초로 유인 동력 비행에 성공한 사람은 '라이트 형제'로 알려져 있습니다.

1878년 윌버와 오빌 라이트 형제는 아버지에게서 신기한 장난감을 선물 받습니다. 종이와 대나무로 이루어진 헬리콥터 비슷한 모양의 장난감이었죠. 윌버와 오빌은 이 장난감이 부러질 때까지 가지고 놀았고, 나중에는 두 형제가 직접 '헬리콥터' 장난감을 만들어서 가지고 놀았습니다. 라이트 형제는 장난감을 갖고 논 경험이 훗날 비행기를 만드는데 중요한 계기가 되었다고 했죠.

▼ 1894년, 오토 릴리엔탈의 글라이더 사진. (출처: Wikipedia)

하지만 라이트 형제가 처음부터 비행기를 만들었던 것은 아니었습니다. 그들은 자전거를 수리하고 판매하는 일을 했었고 1896년부터는 그들만의 브랜드로 자전거를 생산하기 시작했어요. 하지만 자전거를 만들면서 배운 기계를 만들어내는 기술과 벌어들인 돈은 비행기를 만들어내는 데 중요한 뒷받침이 됩니다.

그러던 중 형제는 1890년대 초중반에 독일의 오토 릴리엔탈Otto Lilienthal의 글라이더 사진을 기사를 통해 접했어요. 릴리엔탈은 안타깝게도 비행 중 추락사고로 목숨을 잃었지만 형제에게 그의 글라이더는 너무나도 멋져보였죠. 형제는 그의 활공 방식을 참고해서 조종 방법을 개선하고자 노력했습니다. 윌버는 새들을 관찰하면서 새들이 좌우로 선회하기 위해 날개 끝의 각도를 바꾼다는 사실을 발견했죠. 형제는 이 방식을 항공기에 적용하기 위해 고민했습니다. 그러다가 윌버는 우연히 자전거 가게에서 긴 자전거 바퀴 박스를 비틀던 중 날개를 비틀 수 있는 방법을 찾아내게 됩니다.

형제가 만들어낸 글라이더는 바람을 잘 받으며 떠올랐고 사고없이 시험 비행을 잘 해냈습니다. 아직은 줄에 묶여 마치 연처럼 떠오르는 단순한 형태였지만 형제는 조만간 진짜 비행기 개발에 성공하리라는 용기를 얻게 됩니다.

하지만 글라이더는 두 가지 문제가 있었죠. 글라이더는 사람을 태우기엔 양력이 너무 부족했고, 날개 비틀기에도 반응하지 않는 경우도 있었습니다. 이런 문제가 잘 개선되지 않으면서 윌버는 실망감에 휩싸여 오빌에게 이렇게 말하기도 했죠.

“인간은 분명 날겠지만, 우리들이 살아 있을 때는 아닐꺼야”

라이트형제, 도전과 성공

그러나 형제는 포기하지 않았습니다. 그들은 실험 장치를 고안해냈죠. 매번 진짜 큰 글라이더를 만들어서 직접 날리다가 부서지고 다시 만드는 것은 큰 낭비였기 때문에 실내에서 작은 모형으로 실험할 수 있는 풍동장치를 만들어낸 것입니다. 풍동장치에서 나오는 바람을 이용해 형제는 더 빠르고 효율적으로 글라이더를 개선할 수 있었고, 정확한 양력을 계산할 수 있었습니다. 이는 비행기를 만들어낸 것만큼이나 역사적으로 중요한 발명으로 평가 받고 있어요.

라이트 형제는 200개의 서로 다른 날개로 기본적인 실험을 했고, 38개로 세부적인 실험을 하면서 큰 진전을 이뤘습니다. 형제의 전기문을 쓴 하워드는 이 실험을 이렇게 평했습니다.

**"가장 짧은 시간에, 가장 적은 비용으로,
그리고 가장 적은 재료로 실행한 유익하고 결정적인 실험들이었다."**

풍동 실험은 성공적이었고 글라이더는 기대했던 만큼의 양력을 만들어내게 됩니다. 그리고 이를 바탕으로 형제는 자체 동력을 이용해 날아오르는 비행기에 드디어 도전하게 되죠.

형제는 자신들의 가게에서 일하는 찰리 테일러Charlie Taylor와 함께 6주만에 알루미늄을 이용한 가벼운 엔진을 만들어냅니다.

그리고 1903년 12월 17일, 드디어 역사적인 첫 비행에 나서게 됩니다. 비행기는 이륙에 성공하여 시속 43km의 강한 맞바람을 받으며 두 차례 비행했죠. 오빌은 12초 동안 37m를 10.9km/h의 속도로 날았습니다. 비행이라고 보기엔 너무 짧은 거리이긴 하지만 이 첫 비행을 시작으로 형제의 비행기는 끊임없이 발전하게 됩니다.

얼마 뒤 비행시간은 38분까지 늘어났고, 비행거리는 39km에 달했죠. 게다가 비행기는 연료가 다 떨어질 때까지 비행한 뒤 안전하게 착륙할 수 있었습니다. 이것은 잘 날아오르는 것뿐만 아니라 비행기의 조종이 제대로 이루어진다는 것을 의미했죠.

윌버는 1908년 8월 8일 무대를 프랑스로 옮겨 르망Le Mans이라는 마을 근처의 위노디에르Hunaudières 경마장에서 공식적인 공개비행에 나섰고, 수천명의 사람들 앞에서 원을 그리는 난도 높은 비행을 포함해 최초의 멋진 에어쇼를 선보였습니다. 프랑스 시민들은 윌버의 곡예비행에 열광했고 라이트 형제는 하룻밤 사이에 세계적인 명성을 얻게 되었죠.

▼ 1903년, 라이트 형제의 플라이어 1호. (출처: Wikimedia)

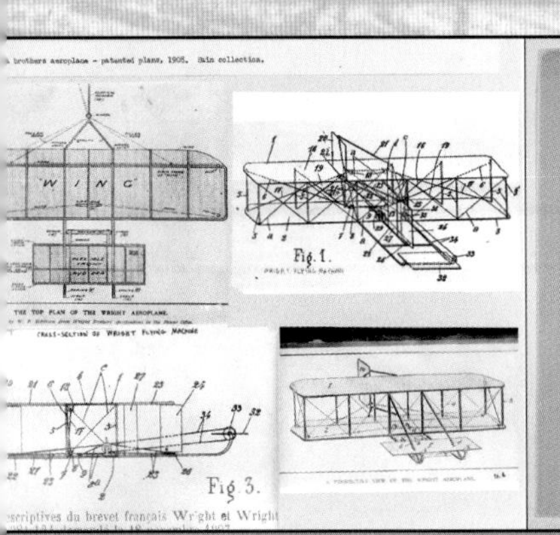

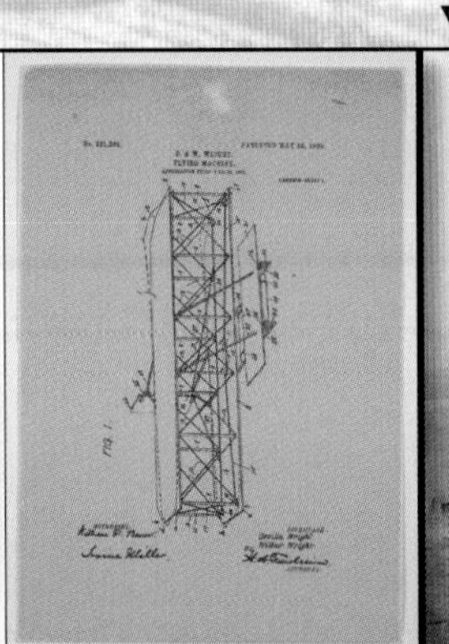

제트기의 등장

보통 전쟁은 기술 발전의 중요한 계기가 됩니다. 항공 기술 역시 마찬가지였죠. 제1차세계대전 초기에 비행기는 별다른 무기 탑재 없이 정찰용으로만 쓰였습니다. 그렇다보니 적국의 비행기를 만나도 서로 손 인사를 하고 지나칠 정도였어요. 이후에는 전쟁 격화로 인해 기관총을 장착하게 되면서 제대로 된 전투기로 변화하게 됩니다.

본격적인 기술 혁신은 제2차세계대전 기간 동안 이루어집니다. 1943년 독일이 개발한 메서슈미트 전투기는 최초로 제트엔진을 장착한 비행기였습니다. 제트엔진은 비행기의 역사를 바꾼 혁신적 발명이었죠. 제트엔진은 앞부분에 장착된 터빈에서 빨아들인 공기를 압축해 연소실에서 연료를 섞어 폭발시키기 때문에 프로펠러 엔진에 비해 훨씬 높은 추진력을 낼 수 있었어요. 게다가 프로펠러로는 음속 이상의 빠른 속도를 낼 수 없는 한계가 있었기에 제트엔진은 비행기의 속도를 높이기 위한 유일한 돌파구이기도 했죠.

덕분에 제트엔진을 장착한 메서슈미트는 최고 870km/h의 속도로 날 수 있었습니다. 어느 전투기도 따라 올 수 없는 비행 속도였죠. 당시 미군의 무스탕 전투기는 최고 시속이 700km에 불과했습니다. 속도가 빠르다보니 메서슈미트는 적기를 따돌리거나 공격하기 유리한 위치를 차지하는데 탁월했고, 독일군의 메서슈미트가 등장하면 연합군 조종사들은 공포에 떨어야했죠.

세계 최초로 운용된 제트 전투기, 메서슈미트의 ME 262.

또한 메서슈미트는 날개에 있어서도 혁신적인 비행기였습니다. 현재 대부분의 제트기는 날개가 비스듬하게 뒤로 젖혀져 있는데 이것을 후퇴익이라고 합니다. 이 후퇴익이 최초로 적용된 비행기가 메서슈미트였죠. 당시 다른 비행기들은 날개가 직선으로 펼쳐져 있었는데 속도가 느릴 때는 상관없지만 속도가 빨라지면 공기의 저항이 커져서 속도를 내는 데 방해가 됐습니다. 하지만 후퇴익은 마하 0.8이 넘는 빠른 속도에서 공기저항을 줄이는 효과가 있었고 덕분에 메서슈미트는 더 빨리 날 수 있었던 겁니다. 메서슈미트의 후퇴익이 빛을 발하자 그 뒤로 사실상 모든 전투기는 후퇴익으로 만들어졌죠. 독일의 패망이 굳어져가는 상황에서 메서슈미트가 만들어져 그나마 다행이었지, 더 빨리 만들어졌다면 전쟁의 향방을 바꿨을지도 모를 정도로 뛰어난 전투기였죠.

전투기 조종사의 헬멧과 마스크. 여객기는 실내가 지상과 비슷한 압력으로 유지되지만, 전투기는 그렇지 않다. 그래서 여객기 조종사와 달리 전투기 조종사는 여압을 위해 마스크가 꼭 필요하다.

여압 기술의 발명

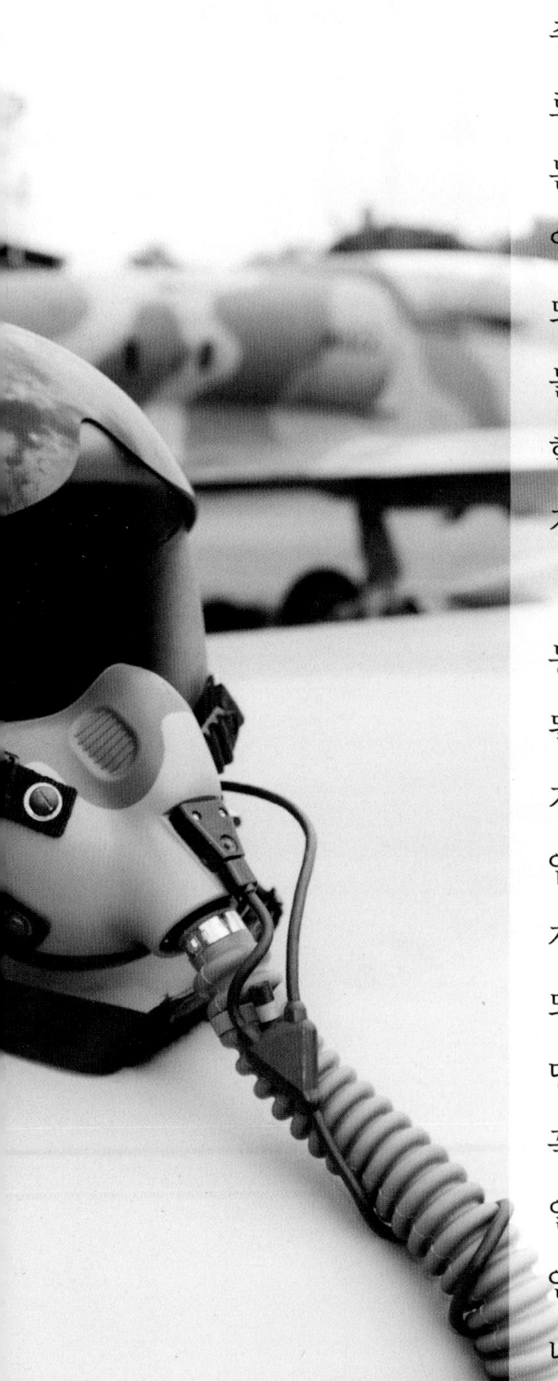

여압 기술 역시 제2차세계대전 때 등장한 중요한 혁신입니다. 비행기가 높은 고도로 올라가면 기온과 기압이 너무 낮아지는 문제가 생깁니다. 1만m 상공의 기온은 영하 56.5도, 기압은 지상의 25%밖에 안 되죠. 이 문제가 해결되지 않으면 승무원들은 산소마스크를 쓰고 매우 두꺼운 방한복을 입어야만 합니다. 전투에 집중하기 힘들게 되는 거죠.

여압 기술은 이 문제를 해결하기 위해 등장했습니다. 엔진 속에서 공기가 압축될 때 만들어지는 뜨거운 고압의 공기를 기내에 조금씩 집어넣는 거죠. 이러한 여압 기술을 통해 기압과 기온을 올릴 수 있게 되면서 기내는 쾌적한 환경을 갖추게 되는 겁니다. 여압 기술은 제2차세계대전 당시 장거리를 날아가야 하는 폭격기에 꼭 필요한 기술이었죠. 덕분에 우리 같은 일반인들도 산소마스크와 방한복 없이 편안하게 여객기를 탈 수 있는 것이기도 합니다.

현대의 비행기

제2차세계대전이 끝나고 현대 항공산업이 발전하면서 중요해진 것은 장거리 제트 여객기였습니다. 제트 여객기의 빠른 속도와 우수한 수송 능력은 평범한 사람들에게도 세계 여행의 기회를 안겨주었죠.

1952년 5월 2일은 최초로 제트여객기가 운항을 시작한 날입니다. 영국해외항공 BOAC소속 코멧Comet 여객기가 런던을 이륙, 요하네스버그로 향했죠. 영국의 드 하빌랜드사가 만들어낸 코멧은 제트엔진 4개가 날개 안에 삽입된 독특한 구조였습니다. 프로펠러 항공기보다 두 배 이상 빠른 780km/h의 속도로 1만 2천m 상공을 비행할 수 있었으며, 항속거리는 4천 900km에 달했고 승객 정원은 36명이었죠.

코멧은 빠르고 쾌적한 여행을 가능케 했고 좌석 점유율이 88%에 달할 정도로 인기가 높았습니다. 그러나 1953년과 1954년 3대의 여객기가 잇달아

추락하는 사고가 일어나며 신뢰에 금이 가기 시작했죠. 조사 결과 기압 변화로 동체에 피로가 쌓이면서 사각형 창문 모서리에 균열이 생겼던 것이 원인으로 밝혀졌습니다. 그 때부터 모든 비행기의 창문은 원형으로 바뀌었죠.

코멧이 신뢰를 잃고 비틀거릴 때 새로운 강자로 등장한 여객기가 보잉 707, 더글러스 DC-8이었습니다. 보잉과 더글러스는 연구개발을 통해 제트엔진을 개선한 터보팬 제트엔진을 이용했어요. 소음 발생과 연료 소모를 줄일 수 있었고 여객기 제작산업을 주도해 나갈 수 있었죠. 훗날 더글러스는 보잉에 흡수합병 되었고, 지금은 미국의 보잉과 유로연합의 에어버스가 여객기 제작 산업을 이끌고 있습니다. 여객기 산업 초기 코멧 때만 하더라도 36명에 불과했던 승객 수송 인원은 이제 최대 853명도 가능한 정도이고 가장 큰 여객기인 에어버스 A380은 비행기 전체가 2층으로 설계되어 기내에 면세점, 스파, 샤워실까지 설치할 수 있게 됐죠.

▲ DH.106 코멧

미래의 비행기

도심형 항공 모빌리티

거대한 활주로와 공항시설 없이 바로 집 근처에서 날아올라 가고 싶은 곳 근처에 바로 착륙할 수 있다면 어떨까요? 이런 꿈의 비행이 조만간 실현될지도 모릅니다.

'도심형 항공 모빌리티, 즉 UAM(Urban Air Mobility)'은 전기모터를 이용해 프로펠러를 회전시켜 날아오르는 비행기입니다. 간단히 비유하자면 사람을 태울 수 있는 대형 드론이죠. 물론 드론과 달리 프로펠러의 방향을 회전시켜 전형적인 프로펠러 비행기처럼 변신하는 것도 있기 때문에 드론과 똑같진 않습니다. UAM은 드론과 비행기의 장점을 모두 가진 기체라고 볼 수 있죠. 어쨌든 UAM은 드론이 그렇듯 수직 이착륙이 가능해서 이착륙시 넓은 공간이 필요치 않습니다. 전기로 구동되므로 소음과 대기오염 문제 또한 상대적으로 적습니다. 일반적인 도심 소음이 65dB인데 160km/h로 날아가는 UAM이 그보다 작은 경우도 많아 도심에서 UAM이 여기저기 날아다닌다고 해도 소음 측면에서 불편을 느낄 수 없는 것이죠. 이런 장점을 통해 도심에서의 극심한 정체를 피해 매우 빠른 속도로 승객을 수송할 수 있고, 향후 인공지능의 발달로 자율비행까지 가능해진다면 값싸고 빠르고 안전한 교통수단으로 각광 받을 수 있으리라 기대를 모으고 있습니다. 우리나라에서도 곧 시험운항을 시작해 본격적인 상업 운항을 시작할 예정이라고 하니 UAM은 정말 가까운 미래에 실현될 꿈이라고 볼 수 있죠.

전기비행기

하지만 전기비행기의 도전은 여기서 그치지 않고 더 나아가 많은 승객을 태워 먼거리를 운항하는 여객기의 자리도 넘보고 있습니다.

2023년 1월 영국 수소 항공기 업체 제로에비아는 19인승 항공기를 10분간 상공에 띄우는 시험 비행에 성공했습니다. 이 비행기의 특별한 점은 항공유 대신 수소 연료 전지로 비행에 성공했다는 것이었습니다. 회사는 2025년 19인승 항공기 상용화를 목표로 하고 있고, 이후 40~80인승, 90인승 항공기 등으로 확장해나갈 계획이죠.

이런 노력을 하는 이유는 기후변화문제 때문입니다. 비행기의 승객 1인당 탄소배출량은 단거리 비행기의 경우 다른 그 어떤 교통수단보다도 많은 탄소를 배출합니다. 하지만 순수 전기배터리 비행기의 경우 먼거리를 이동하려면 배터리가 무거워져야하기 때문에 운송효율이 떨어집니다. 그래서 가벼운 수소를 전기에너지로 바꿀 수 있는 수소연료전지 비행기가 대안으로 떠오르고 있는 것이죠.

이렇게 하늘을 자유롭게 날고자하는 인류의 오랜 꿈은 끊임없이 한계를 돌파하며 미래를 향해 나아가고 있습니다. 종착점이 어디가 될지는 모르지만 어쨌든 비행 기술은 점점 더 빠르게 발전하고 있고 점점 더 인류는 자유롭게 하늘을 날 수 있을 것이라는 것만은 확실합니다.

여러가지 날개의 비행 원리

새의 날개, 비행기의 날개, 그리고 다빈치파닥새

새, 비행기, 그리고 다빈치파닥새는 모두 날개를 가지고 하늘을 날지만,
날개의 움직임은 각기 다르다.
이들의 날개는 무엇이 다를까?
무거운 비행기가 하늘을 나는 원리는 무엇일까?
새와 비행기, 그리고 다빈치파닥새의 날개를 비교해보자.
그리고 다빈치파닥새가 움직이는 과정을 하나하나 해부해보자.

글: 메이커스주니어 편집팀

새들의 날개

새는 날개를 치면서 하늘을 납니다. 새의 날개는 비행기의 날개와 달리 움직일 수 있어서, 매우 정교한 비행을 할 수 있습니다. 새들은 하늘을 날 때 날개를 무척 복잡하게 움직입니다. 날개를 가만히 펼친 채로 날기도 합니다. 공기를 미끄러지듯 활공하거나, 상승기류를 타고 고도를 높이기도 하죠.

깃털은 하나하나 따로 움직일 수 있어서, 꽁지깃을 펼쳐 속도를 줄이기도 합니다. 깃털의 특별한 구조도 하늘을 나는 데 큰 도움을 줍니다. 새의 깃털은 새의 몸 어느 곳에 나 있느냐에 따라 모양도 각기 다릅니다.

새는 날기 위해 특별한 몸의 구조도 발달시켰습니다. 뼈 속이 비어 있고, 몸 곳곳에 '기낭'이라는 공기주머니도 있지요. 무게를 줄이기 위해, 배설물을 모아두지 않고 바로 배출합니다.

다빈치파닥새의 날개도 공기를 밀어내면서 하늘을 납니다. 하지만 다빈치파닥새의 날개는 새의 날개와 조금 다르게 생긴 부분도 있습니다. 위아래로 두 장씩, 네 장의 날개를 새보다 단순하게 움직입니다. 가만히 날개를 펼치고 활공하는 일 없이, 끊임없이 날개를 움직여 공중을 날죠.

오르니톱터와 새의 비행

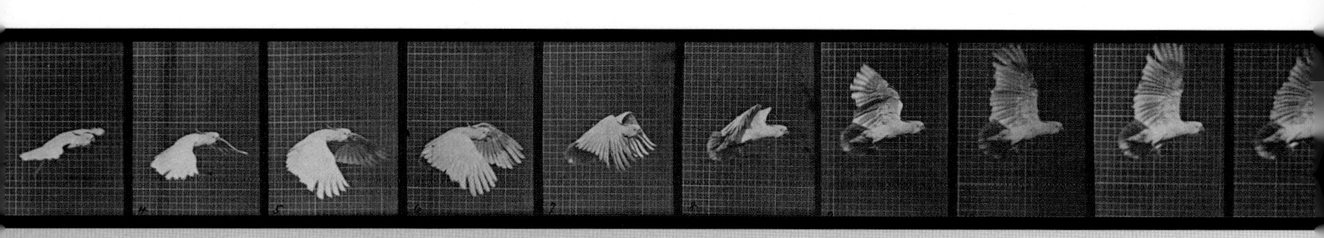

우리의 다빈치파닥새는 새처럼 날개를 퍼덕거리며 하늘을 납니다. 이와 같이 새처럼 날개를 치며 날아가는 비행체를 '오르니톱터Orinithopter'라고 합니다. 'Orinithopter'는 그리스어로 '새'라는 뜻의 'ornithos'와 '날개'라는 뜻의 'pteron'에서 나온 말입니다. 의미 그대로, 새와 같은 날개를 가진 비행체이죠.

얼핏 보면 새와 같은 원리로 하늘을 날 것 같지만, 사실 새의 움직임과는 조금 차이가 있습니다. 비행기가 나는 원리와도 차이가 있습니다. 어떻게 같고 어떻게 다른지 알아봅시다.

새가 날아다니는 모습을 다시 관찰해봅시다. 새는 날개를 위아래로 움직여 공기를 밀어내 몸을 띄우거나 방향을 바꿉니다. 또는 가만히 날개를 펼친 채로 상승기류를 받아 하늘을 활공하기도 합니다.

새들이 날개를 치지 않고 활공하는 것과 같은 원리로 날아가는 비행체는 글라이더입니다. 글라이더는 추진력을 만드는 엔진 같은 것은 없지만, 뜨거워진 공기가 위로 올라가는 '상승기류'를 타고 고도를 높일 수 있습니다.

다빈치파닥새는 활공하지는 않지만, 새처럼 날개를 위아래로 왕복하여 날개치는 동작을 합니다. 이때 공기를 뒤로 보내 추진력을 얻습니다. 이런 점은 새와 비슷하지요. 날개를 위아래로 움직이는 동작은 어떻게 이루어질까요?

새는 날개죽지 위아래 근육을 교대로 움직여 날개를 움직입니다. 하지만 다빈치파닥새는 모터의 힘으로 날개를 움직입니다. 모터는 회전 운동을 하는데, 이 회전을 크랭크 장치가 왕복 운동으로 바꿉니다. 다빈치파닥새의 비행은 50쪽부터 자세히 살펴봅시다.

비행기의 날개와 네 개의 힘

비행기가 양력을 만드는 방법은 새와도 다빈치파닥새와도 다릅니다. 비행기는 엔진의 힘으로 추력을 만듭니다. 엔진 힘이 충분히 크면 비행기는 공기나 바닥과의 마찰력을 이겨내고 앞으로 나아가며 서서히 속도가 빨라집니다. 비행기가 앞으로 나아가면, 날개 위아래로 공기가 흐릅니다.

비행기 날개는 윗면은 볼록하게, 아랫면은 평평하게 되어 있습니다. 그래서 날개의 윗면 길이가 아랫면 길이보다 길지요. 날개 윗면에 흐르는 공기는 비행기가 날아갈 때, 비행기의 날개에는 4가지 힘이 작용합니다.
이 네 개의 힘은 다음과 같습니다.

- **추력**: 비행기를 앞으로 나아가게 하는 힘. 비행기의 엔진에서 나옵니다.
- **항력**: 추력에 저항하여 비행기를 뒤로 잡아당기는 힘. 공기와의 마찰력 등이 항력으로 작용합니다.
- **양력**: 비행기를 떠오르게 하는 힘. 비행기 날개가 공기를 받으면, 날개의 특수한 구조가 양력을 만듭니다.
- **중력**: 비행기를 바닥으로 떨어뜨리는 힘. 양력을 방해합니다. 지구가 비행기를 잡아당기는 힘, 즉 비행기의 무게입니다.

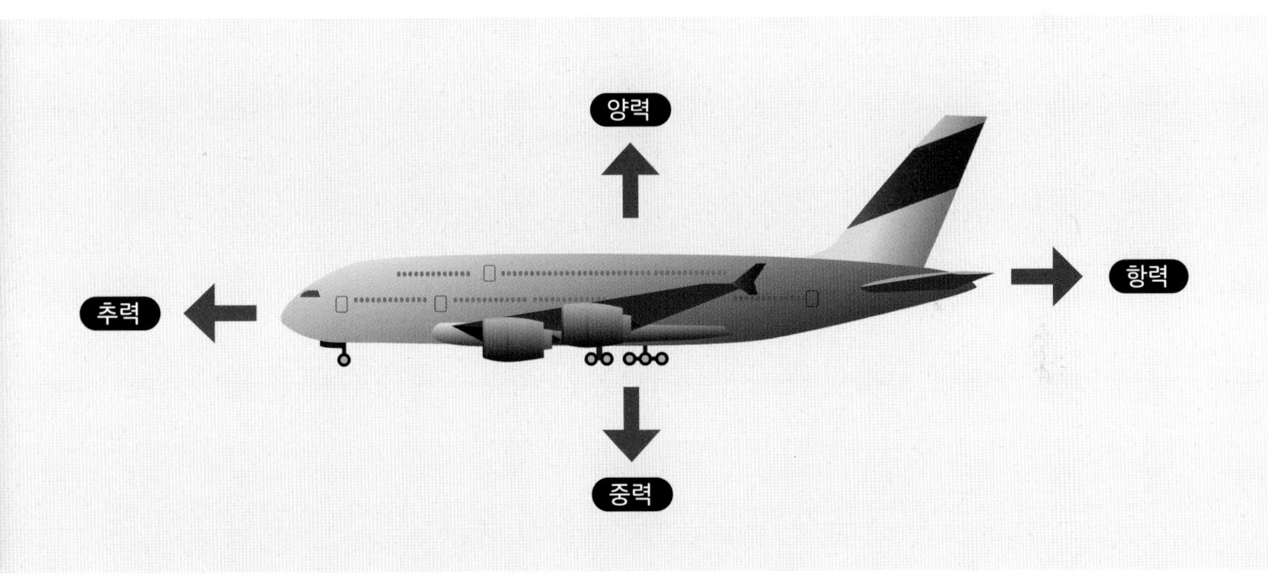

아랫면에 흐르는 공기보다 속도가 빠릅니다.

베르누이의 원리란 속도가 빠른 쪽은 공기의 압력이 낮아지는 것을 말합니다. 비행기 날개는 베르누이의 원리에 의해 위쪽으로 힘을 받습니다. 이 힘이 양력입니다. 비행기의 속도가 빨라질수록 공기의 속력 차이가 커지고, 이에 따라 양력이 커집니다. 비행기의 무게보다 양력이 커지면 마침내 비행기가 뜨게 됩니다.

비행기의 날개

비행기가 떠오르는 과정을 조금 더 자세하게 알아봅시다. 새가 하늘을 날 때는 날개를 무척 복잡하게 움직입니다. 그런데 사람이 만든 기계인 비행기의 날개는 그런 움직임을 할 수가 없습니다.

비행기는 새처럼 날갯짓을 하지 못합니다. 날개는 비행기 동체 양면에 튼튼하게 고정되어 있죠. 비행기가 이륙할 때는 엔진의 힘으로 빠르게 전진합니다. 그러면 날개 윗면과 아랫면을 따라 공기가 흐릅니다. 비행기 날개의 윗면은 볼록하고 아랫면은 평평하게 생겼기 때문에, 윗면을 따라 흐르는 공기는 더 먼 거리를 움직여야 합니다. 그래서 날개 윗면의 공기 흐름이 아랫면보다 더 빠릅니다. 유체가 흐를 때, 흐름이 빠른 쪽은 흐름이 느린 쪽보다 압력이 낮습니다. 이를 '베르누이의 원리'라고 합니다. 날개 윗면 공기의 흐름이 빠르기 때문에 압력이 낮아지고, 이 압력이 비행기 날개를 위로 들어올립니다. 이렇게 비행기를 떠오르게 하는 힘을 '양력'이라고 합니다.

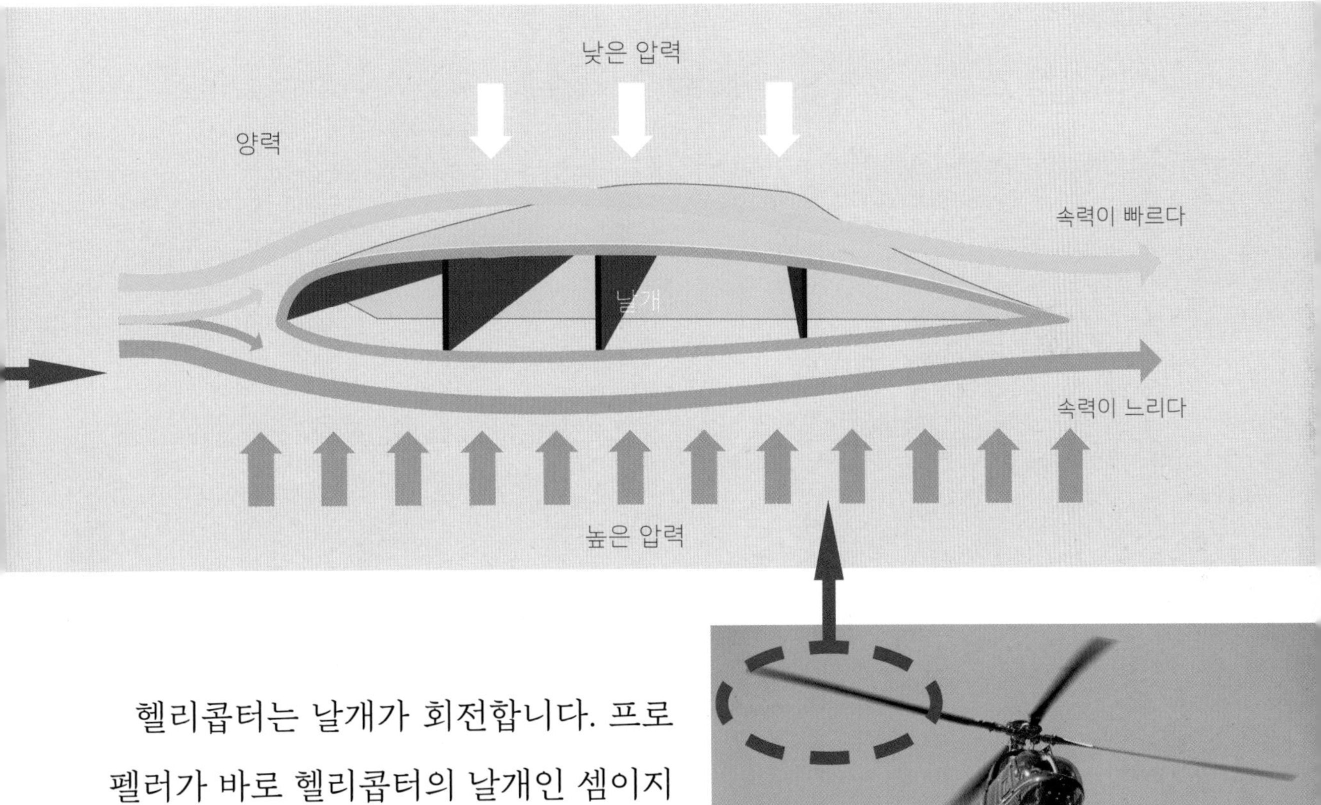

헬리콥터는 날개가 회전합니다. 프로펠러가 바로 헬리콥터의 날개인 셈이지요. 헬리콥터 프로펠러의 단면은 비행기의 날개와 비슷하게 생겼습니다. 비행기처럼 빠르게 전진하는 대신, 이 프로펠러를 빠르게 회전시킵니다. 그러면 비행기에서와 똑같은 원리로 양력이 생기지요. 그리고 프로펠러의 각도를 잘 움직여 방향을 조정합니다. '회전익기'라고도 불리는 헬리콥터는 제자리에서 수직으로 떠오르기 때문에, 비행기처럼 활주로가 필요 없습니다.

베르누이의 원리

공기가 빠르게 흐르는 곳은
압력이 더 낮다

지붕이 떠오른다

바람 (공기의 흐름)

공기가 느리게 흐르는 곳은
압력이 더 높다

베르누이의 원리에 대해 좀 더 자세히 알아봅시다. 비행기가 나는 이유는 사실 하나의 원리로만 설명하기가 힘들지만, 앞서 이야기한 베르누이의 원리가 중요하게 작용한다고 알려져 있습니다.

액체인 물이나 기체인 공기처럼, '흐를 수 있는 물질'을 '유체'라고 합니다. 베르누이의 원리는 원래 유체의 속도, 압력, 높이 사이의 관계를 밝힌 법칙입니다. 여기서는 속도와 압력에 관해서 알아봅시다. 앞서 이야기했듯이, 베르누이의 원리에 따르면 공기의 속도가 빠른 쪽이 느린 쪽보다 압력이 낮습니다.

자동차를 타고 가다가, 창문을 열어본 경험이 있나요? 차 내에 바람이 마구 불고, 휴지나 비닐봉지 등 가벼운 물체가 창밖으로 빨려나가기도 하지요. 이런 현상을 보면 공기가 바깥으로 빠져나간다는 것을 알 수 있습니다. 달리는 자동차 바깥의 공기는 자동차 표면을 따라 빠르게 흐릅니다. 즉, 베르누이의 원리에 따라 자동차 바깥 공기의 압력이 자동차 실내 공기의 압력보다 낮아져 일어나는 현상이라고 설명할 수 있습니다.

엄청난 태풍에 지붕이 날아갔다는 뉴스를 본 적 있나요? 태풍의 영향권 안에 들어가면 엄청난 속도의 바람이 불게 됩니다. 집 바깥의 공기는 빠르게 흐르지만, 집 안의 공기는 여전히 멈추어 있지요. 바람의 속도가 빠르면 빠를수록 집 안의 공기와 집 바깥 공기의 압력 차이는 커지고, 지붕에는 들어올려지는 방향의 힘이 작용하게 됩니다. 태풍만큼 엄청난 바람이 불면, 지붕이 벗겨져 날아가는 일도 발생할 수 있습니다. 튼튼한 철근콘트리트 건물보다는, 가벼운 나무로 지은 목조건물에서 이런 일이 종종 일어나지요.

◀ 간단한 실험을 해 봅시다. 가벼운 종이 한 장을 들고, 종이 위쪽에 입을 대고 바람을 세게 불어봅시다. 이때 바람이 종이 아래쪽으로 가지 않도록 합니다. 바람이 종이 위쪽에만 부는데도 종이가 떠오르는 것을 볼 수 있습니다. 종이 위쪽의 공기가 빠르게 흐르면, 베르누이의 원리에 따라 종이 아래쪽보다 위쪽의 압력이 낮아지기 때문에 일어나는 현상입니다.

추력과 양력을 만드는 날개

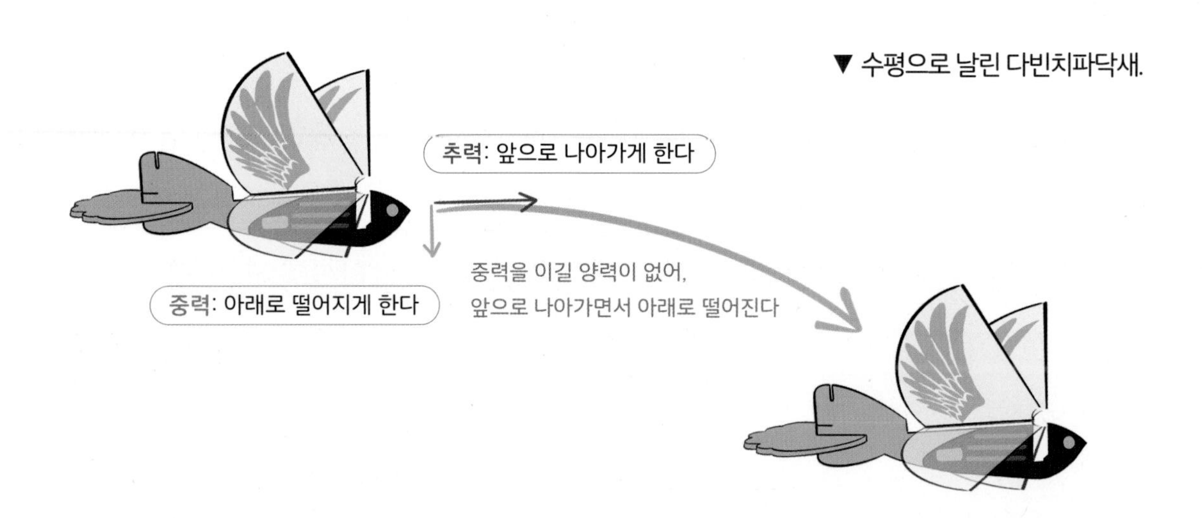
추력: 앞으로 나아가게 한다
중력: 아래로 떨어지게 한다
중력을 이길 양력이 없어,
앞으로 나아가면서 아래로 떨어진다

▼ 수평으로 날린 다빈치파닥새.

다빈치파닥새가 하늘을 나는 원리는 새와도, 비행기와도 비슷하면서 다른 점이 있습니다. 비행기의 추력은 엔진에서 나오지만, 새의 추력은 날개에서 나옵니다. 다빈치파닥새의 추력은 새처럼 날개의 힘에서 나옵니다. 한편 비행기의 양력은 날개에서 나옵니다. 새는 날개에서 추력과 양력 모두를 얻습니다.

한편 다빈치파닥새의 날개는 주로 추력을 얻도록 되어 있습니다. 다빈치파닥새가 날개를 칠 때, 날개는 공기를 뒤쪽 방향으로 밀어내며 추력을 만듭니다. 그 힘으로 다빈치파닥새가 앞으로 나아가지요.

이 상태에서는 다빈치파닥새에는 양력이 작용하지 않습니다. 그래서 만일 수평 방향으로 다빈치파닥새를 날린다면, 다빈치파닥새는 아래로 떨어질 수밖에 없습니다. 이 상태에서는 다빈치파닥새를 잡아당기는 중력을 이길 양력이 없으니까요.

이번에는 다빈치파닥새의 꼬리날개를 움직여, 다빈치파닥새가 살짝 위를 바라보고 날도록 조정했다고 생각해봅시다. 그러면 공중에 뜬 다빈치파닥새의 머리는 위쪽을 향하게 되고, 다빈치파닥새는 하늘로 치솟게 될 것입니다. 날개의 힘은 다빈치파닥새를 위로 밀어올리는 쪽으로도 작용하는 것이지요. 즉, 날개는 앞으로 나아가는 방향만이 아니라 위로 띄우려는 방향으로도 힘을 가합니다. 이것이 다빈치파닥새의 양력이 됩니다. 다빈치파닥새가 솟아오르는 힘이 다빈치파닥새의 무게보다 크면, 다빈치파닥새는 하늘로 솟아오릅니다.

▼ 위쪽을 향해 날린 다빈치파닥새.

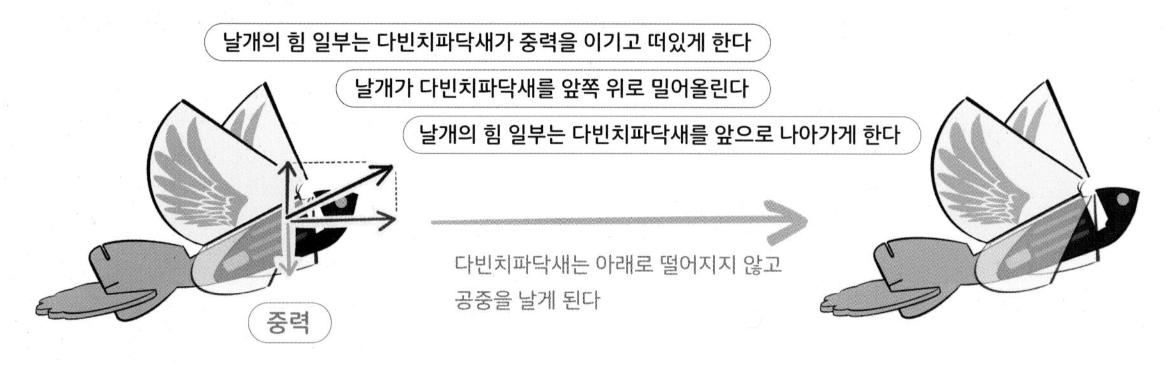
날개의 힘 일부는 다빈치파닥새가 중력을 이기고 떠있게 한다
날개가 다빈치파닥새를 앞쪽 위로 밀어올린다
날개의 힘 일부는 다빈치파닥새를 앞으로 나아가게 한다
다빈치파닥새는 아래로 떨어지지 않고
공중을 날게 된다
중력

얼마나 빠르게 솟아오를지, 혹은 바닥으로 떨어질지는 꼬리날개에 각도를 주어 조정할 수 있습니다. 날개가 움직이는 속도가 느려지면 다빈치파닥새를 띄우려는 힘도 약해지고, 중력이 다빈치파닥새를 잡아당기는 힘보다 띄우려는 힘이 약해지면 바닥으로 서서히 떨어지게 됩니다.

작용과 반작용

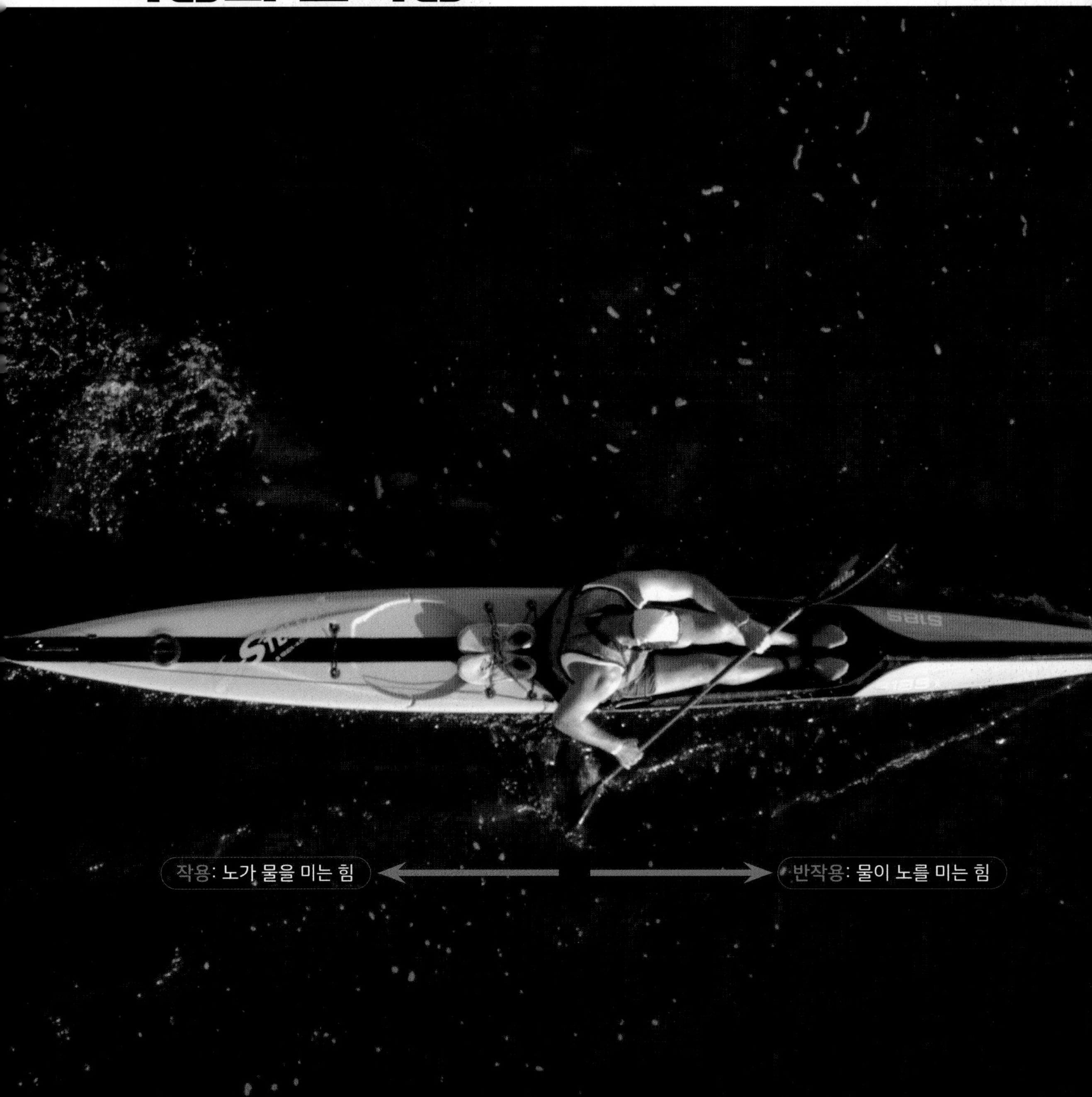

▲ 노를 저어 배를 앞으로 나아가게 하는 경우를 생각해보자. 노로 물을 뒤로 밀어내면(작용), 물도 노를 같은 앞으로 민다(반작용). 이 반작용으로 배는 앞으로 나아간다. 이 두 힘은 크기가 같고 방향이 반대이다.

오르니톱터는 새처럼 날개를 치며 날아가지만, 새의 날개와는 조금 생김새가 다릅니다. 우리의 다빈치파닥새에는 네 장의 날개가 있습니다. 이렇게 만든 이유는 작용과 반작용 때문입니다.

한 물체 A가 다른 물체 B에게 힘을 가하는 경우를 생각해봅시다. 이때, 물체 B와 물체 A는 서로에게 크기는 같고 방향은 반대인 힘을 가합니다. 물체에 작용하는 힘은 반드시 이렇게 한 쌍으로 나타납니다. 이것이 작용과 반작용입니다.

다빈치파닥새는 날개를 위아래로 움직여 공기를 밀어냅니다. 날개가 공기를 밀어내려고 할 때, 작용과 반작용의 원리에 의해 공기도 같은 크기의 반대 방향으로 향하는 힘을 날개에 가합니다.

날개가 좌우 각 한 장씩 두 장뿐이라면 어떻게 될까요? 다빈치파닥새의 날개가 내려가면서 공기를 밀어내면, 그 반작용으로 공기는 다빈치파닥새를 들어올립니다. 날개가 올라갈 때는 반대로 다빈치파닥새가 내려갑니다. 그러면 아무리 날갯짓을 해도 다빈치파닥새의 몸체는 불안정하게 상하로 들썩일 것이고, 제대로 날 수 없을 거예요.

우리의 다빈치파닥새처럼 날개가 좌우에 각 두 장씩, 위아래로 두 장일 경우를 생각해 봅시다. 키트의 위쪽 날개와 아래쪽 날개는 서로 반대로 움직이도록 설계되어 있습니다. 위쪽 날개가 올라가면서 공기를 위로 밀어 올릴 때, 위쪽 날개에 닿는 공기가 다빈치파닥새의 몸체를 아래로 내리려고 합니다. 하지만 동시에 아래쪽 날개는 내려가면서 공기를 아래로 밀어내고, 공기는 몸체를 위로 올리려고 할 것입니다. 그러면 위쪽 날개가 몸체에 가하는 힘과 아래쪽 날개가 몸체에 가하는 힘이 같아서 서로 평형을 이룹니다. 그래서 몸체가 위아래로 들썩이는 것을 방지할 수 있습니다.

전기회로와 모터

이번에는 모터를 움직이는 회로에 대해 알아봅시다. '전기 회로'란 전기가 흐를 수 있는 통로입니다. 그림을 보세요. 건전지 +극에서 나온 전류가 전선을 타고 -극으로 흐르며 전구나 모터를 지나갑니다.

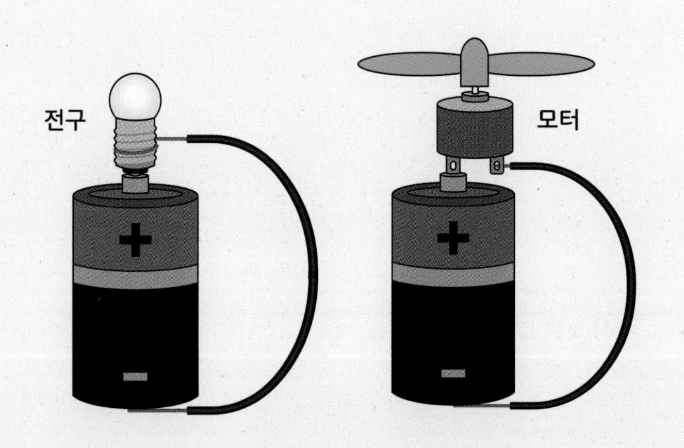

▲ 전류는 +극에서 -극으로 흐른다. 한편 전기에너지는 여러 가지 다른 형태의 에너지로 전환될 수 있다. 전구는 전기에너지를 빛에너지로 바꾸는 장치이고, 모터는 운동에너지로 바꾸는 장치이다.

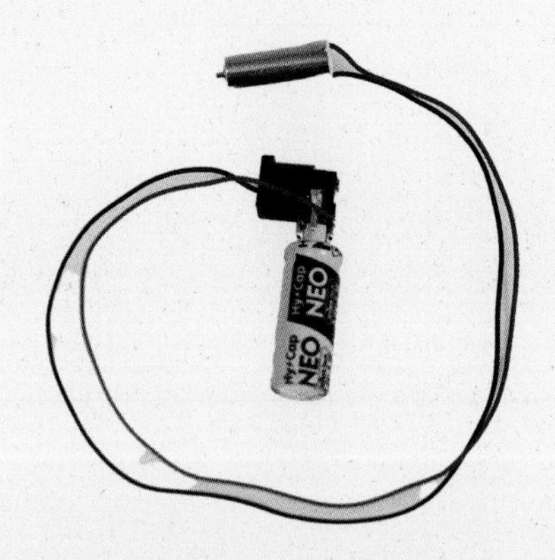

▲ 파닥새의 회로 부품. 노란색 부품이 건전지 역할을 하는 '콘덴서'이다.

에너지는 빛, 열 등 여러 가지로 그 형태를 바꿀 수 있습니다. 전기에너지는 에너지의 한 형태이고요. 전류가 전구를 지나갈 때, 전기에너지는 빛으로 바뀝니다. 모터를 지나가면 운동에너지로 바뀌지요. 우리의 다빈치파닥새에도 비슷한 회로가 있습니다. 이 회로에는 작은 모터가 달려있어요. 모터는 전

기에너지를 운동에너지로 바꾸어 날개를 움직이죠.

건전지상자를 충전 단자에 연결하면 충전이 시작됩니다. 다빈치파닥새에는 스위치가 따로 달려있지는 않지만, 충전 단자를 뽑는 즉시 모터가 작동하도록 되어 있습니다. 약 10~15초 정도의 시간이 지나면 충분히 충전이 됩니다. 충전 단자를 뽑으면 전기에너지가 모터의 운동에너지로 바뀌면서, 날개를 움직입니다.

한편 날개는 위아래로 왕복운동을 합니다. 모터의 회전 운동을 어떻게 왕복운동으로 바꿀까요?

다빈치파닥새의 톱니바퀴 장치에는 '크랭크'가 있습니다. 크랭크는 왕복 운동을 직선 운동으로 바꾸어주는 장치입니다. 왼쪽 사진을 보세요. 모터가 회전하면 모터에 연결된 두 개의 톱니바퀴가 회전을 합니다. 이 톱니바퀴에 달린 부품이 크랭크입니다. 크랭크의 반대쪽 끝에는 날개를 지지하고 있는 '팔' 부분이 달려있어요. 이 크랭크는 톱니바퀴가 돌아갈 때 위아래로 움직이면서 팔을 밀어 올렸다가 아래로 잡아당기는 운동을 반복합니다.

전지와 같은 역할을 하는 콘덴서

다빈치파닥새 키트의 회로에는 건전지가 아니라 '콘덴서'가 달려 있습니다. 이 콘덴서가 건전지 역할을 합니다. 콘덴서는 일종의 충전지입니다. 다빈치파닥새에 건전지상자를 연결하면 충전이 되고, 충전된 전기에너지를 사용해서 다빈치파닥새가 날아갑니다.

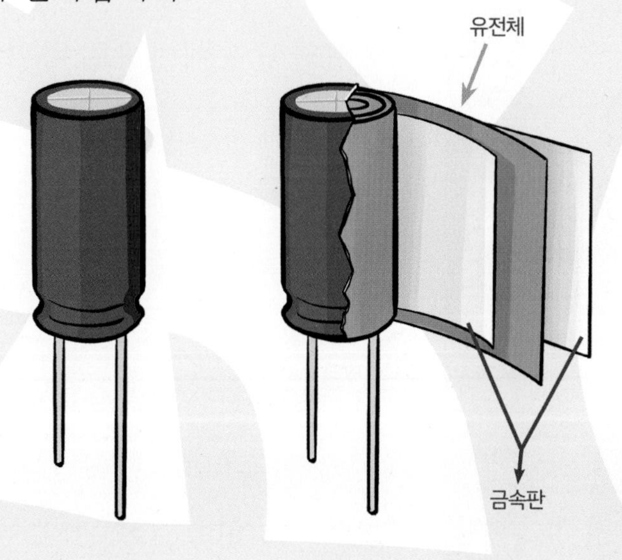

콘덴서의 구조는 그림과 같습니다. 콘덴서는 원통 모양으로 보이지만, 사실 네모난 금속판을 돌돌 말아놓은 구조로 되어 있어요. 이 금속판은 두 겹으로 되어 있습니다. 이 두 겹의 얇은 금속판이 서로 마주보고 있고, 그 사이에는 전기가 잘 흐르지 않는 물질인 '유전체'가 끼어 있습니다. 두 금속판에는 두 개의 다리가 각각 하나씩 연결되어 있는데, 이 다리가 회로에 연결되는 단자입니다.

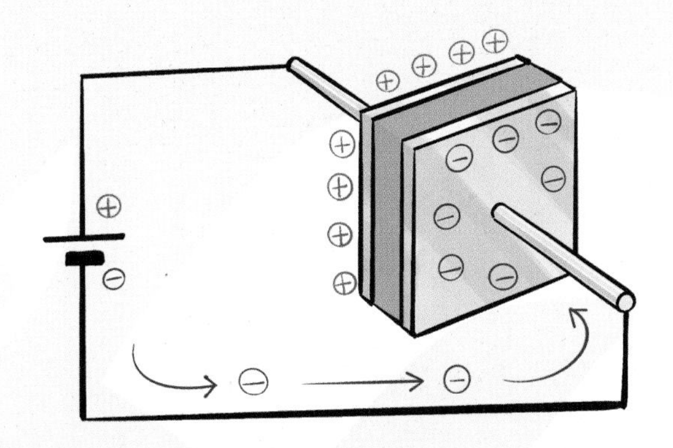

콘덴서의 양쪽 극에 전지를 연결하면, 전지의 -극에 연결된 금속판에는 전지에서 나온 '전자'가 쌓이고 - 전기를 띱니다. 반대쪽은 + 전기를 띠죠. 이 과정이 완전히 끝나면 충전이 완료됩니다.

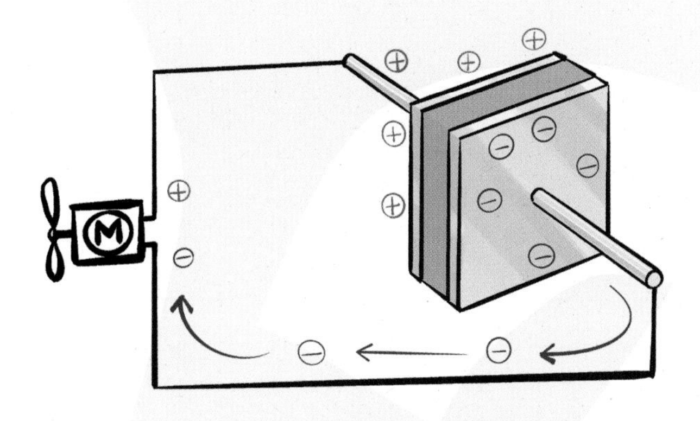

전지를 제거하고 모터를 연결하면, 이번에는 -극 쪽 금속판에 쌓인 전자가 전선을 따라 흐르면서 +극 쪽으로 이동합니다. 이때 전류가 흐르는 것이죠. 전자가 충분히 이동하여 양쪽 금속판이 +전기도 -전기도 띠지 않는 중성 상태가 되면, 더 이상 전류가 흐르지 않게 됩니다.

콘덴서의 용량은 두 판의 간격이 가까울수록, 판의 면적이 넓을수록 커집니다. 하지만 크기를 무한정 늘릴 수는 없기 때문에, 부피를 작게 만들기 위해 돌돌 말아서 원기둥 모양으로 생긴 것입니다.

날개의 진화

진화가 만들어낸 지구 생명체의 다채로운 날개

오르니톱터는 새처럼 날개를 치며 날아간다.
하늘을 나는 생물은 어떻게 탄생했을까?
새 이외에 하늘을 나는 생물은 무엇이 있을까?
새와는 다른 날개로 날아다니는 여러 가지 생물들도 살펴보고,
생물의 '진화'에 대해 알아보자.

글: 이동현

진화란 무엇일까?

'진화'란 무엇일까요? 진화는 생물이 오랜 시간 동안 여러 세대에 걸쳐, 환경에 맞추어 조금씩 변화해 나가는 과정이에요. 생물은 각자 사는 환경에 적응하면서, 그 환경에서 살아가기 좋은 방향으로 진화해요. 그 결과, 세상에는 수없이 많은 다양한 종의 생물이 생겨났어요. 지구상에서 이렇게 다양한 생명체들을 볼 수 있게 된 것은 모두 진화의 결과랍니다.

그런데 어떻게 한 종류의 생물에서 전혀 다른 종류의 다양한 생물이 태어날 수 있을까요? 자손은 부모를 닮습니다. 언제나 자손은 부모와 같은 종의 생물로 태어나죠. 비둘기는 언제나 비둘기를 낳고, 사자는 사자를, 토끼는 토끼를 낳는 것처럼 말이에요. 그런데도 진화가 가능할까요?

그 비밀은 '돌연변이'와 '자연 선택'에 있습니다. 진화는 이 두 가지를 통해 일어나요. 돌연변이와 자연선택이 무엇인지 알아볼까요?

우리는 부모님과 닮았지만 똑같이 생기지는 않았어요. 이처럼 자손은 부모와 조금 다르게 태어나죠. 아주 드물게는 부모에게 없는 특징이 생기기도 해요. 이것이 '돌연변이'예요. 여러 가지 돌연변이 중 주어진 환경에서 살기에 조금 유리한 특징의 돌연변이가 있다면, 그 자손은 다른 자손들보다 더 잘 살아남을 거예요. 이렇게 환경에 잘 적응한 생물이 자손을 더 많이 남기는 과정이 '자연 선택'이에요.

예를 들어 추운 지역에서 털이 좀 더 풍성한 돌연변이가 태어난다면 더 잘 살아남아 많은 자손을 남기겠죠? 그 자손도 부모를 닮아 풍성한 털을 가지고 태어나겠죠. 이런 과정이 여러 세대에 걸쳐 반복되면 처음의 조상과는 사뭇 다르게 생긴 생물로 변할 거예요. 물론 아주 오랜 시간이 걸립니다. 수백만 년, 수천만 년, 우리가 상상하기도 힘들만큼 오래 걸릴 거예요.

진화는 어떤 목적을 가지고 일어나지는 않아요. 새의 조상이 '내 후손은 하늘을 날게 해줄 거야'라며 날개를 열심히 진화시키지는 못하니까요. 모든 생물은 주어진 환경에서 살아가기 가장 적합한 형태로 태어나 살아가죠.

지구에는 무척 다양한 환경이 존재합니다. 생물이 적응해서 살아가는 방식도 여러 가지죠. 그 결과, 이 지구에는 엄청나게 다채로운 생물이 탄생했어요. 정말 놀랍지 않나요?

여러 가지 날개

곤충의 날개

새 이외에도 하늘을 날 수 있는 생물은 여러 가지가 있어요. 지구상에 나타났던 수많은 생명체 중, 처음으로 날 수 있었던 생물은 곤충이었을 것이라고 해요. 곤충의 날개는 새나 박쥐의 날개와는 많이 다르게 생겼어요. 곤충의 날개는 대개 얇은 막처럼 생겼고, 두 쌍의 날개가 가슴에 달려있지요.

하지만 사는 환경에 따라 다르게 진화해서, 종에 따라 다양한 모습을 하고 있지요. 무당벌레의 앞날개는 딱딱한 갑옷처럼 진화해서 몸을 보호하는 데 쓰입니다. 파리의 날개는 한 쌍밖에 없는 것처럼 보이지만, 실은 뒷날개가 작은 곤봉처럼 진화해서 몸의 균형을 잡는 데 쓰입니다.

활공하는 날개

새가 아닌데도 날 수 있는 동물이 있어요! 날다람쥐는 앞다리와 뒷다리 사이에 얇고 넓은 피부가 있어요. 이것을 '비막'이라고 해요. 높은 나무 위에서 뛰어내릴 때, 네 다리를 활짝 펴고 마치 연이나 글라이더처럼 공기를 타고 미끄러지듯이 날죠. 이런 식의 비행을 '활공'이라고 합니다.

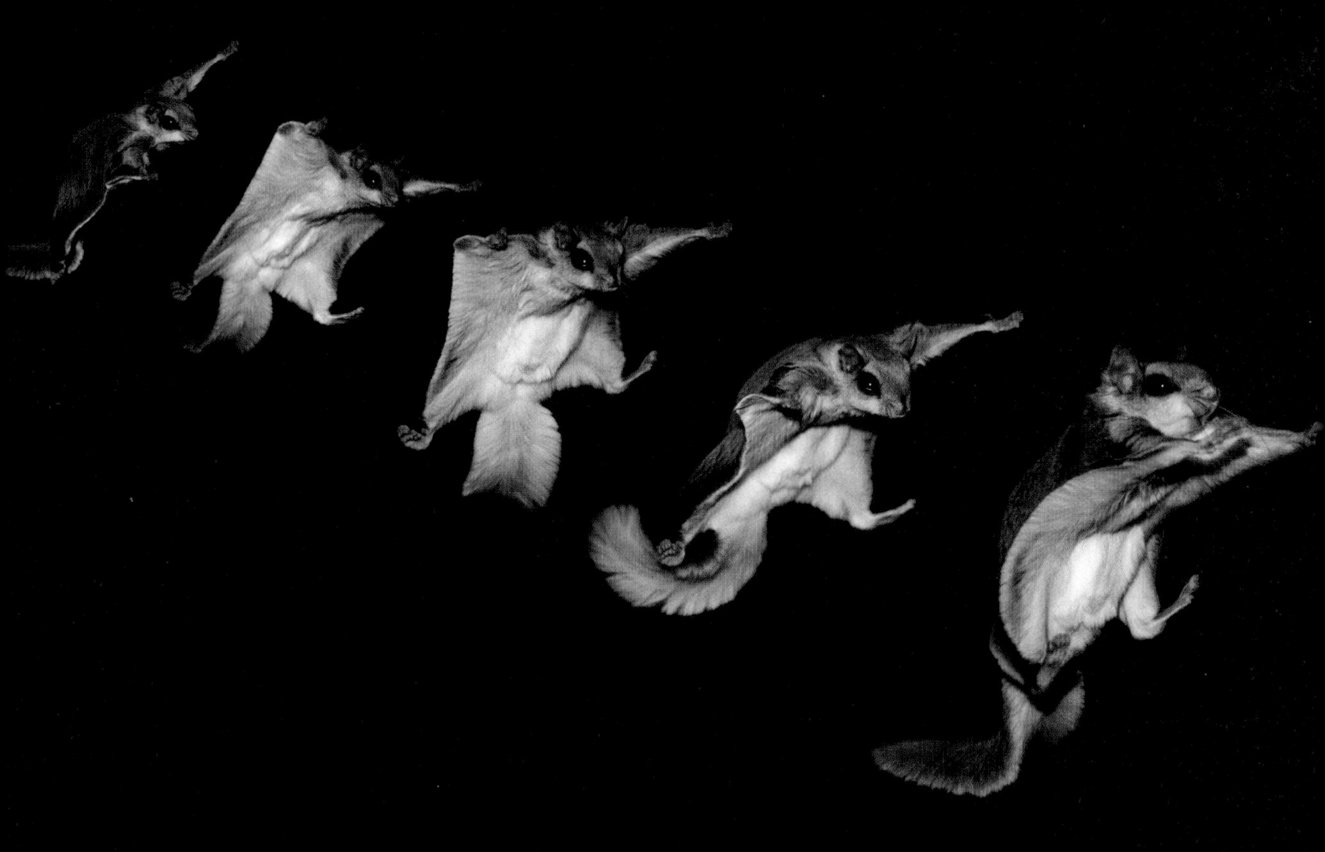

날다람쥐가 새처럼 자유롭게 날거나 하늘 높이 솟구칠 수 있는 것은 아니에요. 하지만 천적으로부터 빠르게 도망칠 때나 먼 거리의 나무로 옮겨갈 때 무척 편리하지요. 얼핏 생각하기에는 잘 날지 못하는 것처럼 보이지만, 날다람쥐가 살아가는 데에는 이 정도 비행 능력이 딱 적당하다고 해요!

박쥐의 날개

이름에 '쥐'라는 단어가 들어 있지만, 박쥐는 쥐가 아니에요. 박쥐의 날개는 앞다리가 진화한 것입니다. 우리 팔을 한번 보세요. 사람의 팔에서 손가락이 가늘고 길게 변하고, 그 사이에 비막이 생긴다면 박쥐의 날개와 비슷해 보일 거예요. 사람의 팔도 박쥐의 날개도 앞다리가 진화한 것이기에, 기본적인 구조가 비슷합니다.

대부분의 박쥐는 주로 어두운 곳에서 초음파를 이용해 주변을 파악하고, 곤충을 잡아먹고 살아가요. 그래서 박쥐는 유연하고 민첩하게 방향을 바꿀 수 있는 날개를 가졌습니다.

날지 않는 날개?

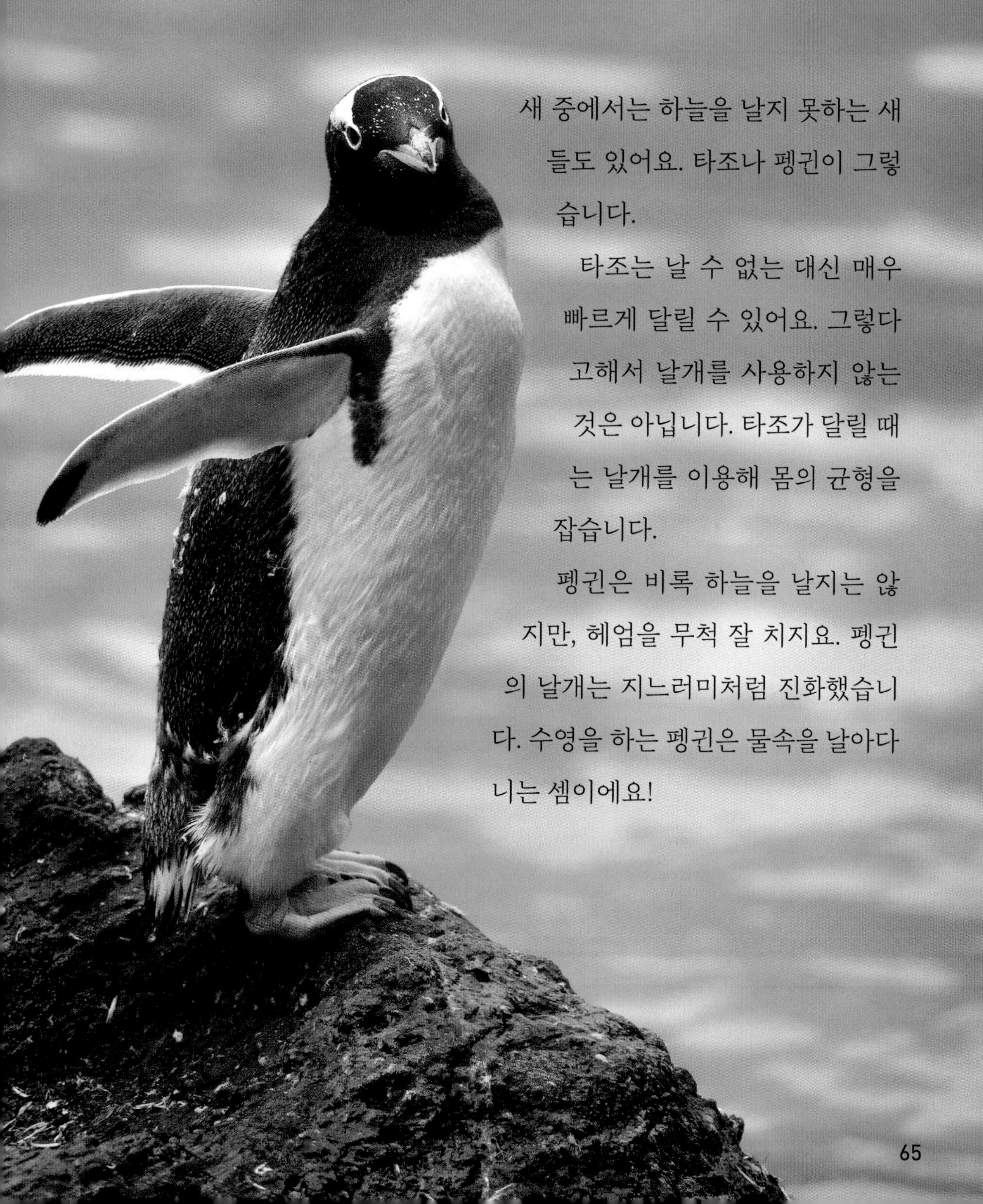

새 중에서는 하늘을 날지 못하는 새들도 있어요. 타조나 펭귄이 그렇습니다.

타조는 날 수 없는 대신 매우 빠르게 달릴 수 있어요. 그렇다고해서 날개를 사용하지 않는 것은 아닙니다. 타조가 달릴 때는 날개를 이용해 몸의 균형을 잡습니다.

펭귄은 비록 하늘을 날지는 않지만, 헤엄을 무척 잘 치지요. 펭귄의 날개는 지느러미처럼 진화했습니다. 수영을 하는 펭귄은 물속을 날아다니는 셈이에요!

새의 날개와 깃털

새의 날개는 다른 생물들의 날개와 무엇이 다를까요? 새의 날개도 사람의 팔이나 박쥐의 날개처럼 동물의 앞다리가 진화한 것입니다. 그렇지만 새의 날개는 독특한 특징이 있어요. 손가락이 거의 사라지고, 대신 깃털이 자라난 것이에요.

깃털은 여러 가지 기능을 하는, 매우 중요한 신체 기관이에요. 물론 새가 하늘을 나는 데도 무척 중요한 역할을 하지만, 한편으로는 몸을 따뜻하게 보호하는 역할도 해요. 천적의 눈을 피하기 위해 보호색을 띠기도 하고요. 공작새 수컷의 화려한 깃털처럼, 짝짓기할 때 암컷에게 멋지게 보이기 위한 장식 역할을 하기도 하죠.

깃털은 가볍고 부드러운 데다, 넓고 평평하게 생겨서 하늘을 날기에 좋아요. 촘촘한 깃털의 구조는 공기가 새지 않도록 막아줍니다. 깃털은 날개의 힘으로 공기를 밀어내고, 방향을 조정하는 데 아주 중요한 역할을 하지요. 게다가 새의 깃털은 부위마다 다른 역할을 할 수 있도록 조금씩 다른 생김새를 하고있어요. 날개 끝의 깃털은 매끄럽고 길게 생겨서 나는 데에 도움을 주고, 넓적한 꽁지의 깃털은 방향과 균형을 잡는 역할을 해요. 새가 날다가 착륙할 때 브레이크처럼 사용하기도 합니다.

새의 깃털은 인간도 유용하게 사용해왔어요. 거위의 긴 날개 깃털은 칼로 다듬어서 잉크를 찍어 글을 쓰는 펜으로 사용하기도 했지요. 또 아름다운 새의 깃털은 여러 가지 장식물로 이용하기도 했어요.

공룡과 새의 탄생

새는 어떤 동물로부터 진화했을까요? 새의 조상은 어떤 동물일까요?

새는 공룡에서 진화했다고도 해요. 공룡 중에서 '수각류'라는 종류의 공룡이 새의 조상이라고 합니다. 수각류에는 주로 뒷다리로 걷거나 뛰는 육식공룡이 많습니다. 우리가 잘 아는 티라노사우루스, 영화 시리즈에 나온 것으로 유명한 벨로키랍토르 등이 수각류이지요.

현재 학자들은 많은 종류의 공룡이 깃털을 가지고 있었을 것이라고 합니다. 앞에서 살펴보았듯이 지금의 새들도 깃털을 날아다니는 데만 쓰지 않지요. 공룡의 깃털도 처음에는 하늘을 나는 데 쓰는 게 아니라, 몸을 따뜻하게 유지하거나 다른 공룡들에게 멋지게 보이거나 하는 데에 쓰였을 거예요.

그러다가 어떤 수각류 공룡이 이 깃털 달린 앞다리를 사용해 공중을 날기 시작했겠지요? 처음에는 앞다리를 펼치고 날다람쥐처럼 활공을 하거나, 뛰어내릴 때 균형을 잡는 식으로 움직였을 거예요. 더욱 정교하고 힘찬 비행을 할 필요가 있는 환경에 살았던 공룡이 새로 진화했을 거고요. 하늘을 잘 나는 공룡의 후손이 더 잘 살아남아 후손을 많이 남기는 방식으로 말이죠.

이를 뒷받침하는 많은 화석의 증거들이 발견되고 있습니다. 가장 대표적인 것이 바로 오른쪽 사진의 '시조새'의 화석이지요. 시조새는 까마귀와 비슷한 크기의, 공룡과 같은 시대에 살았던 새의 조상이에요. 시조새는 지금의 새처럼 잘 발달한 날개를 가지고 있지만, 수각류 공룡과 같은 이빨이 있고 긴 꼬리를 가지고 있어요.

사실 오늘날에는 새도 공룡의 일종이라고 보는 학자들이 많아요. 새가 공룡에서부터 진화한 뒤 공룡이 멸종한 것이 아니라, 실은 한 종류의 공룡이 멸종하지 않았고 그 공룡을 오늘날 우리가 '새'라고 부르는 셈이죠. 놀랍게도 공룡은 아직 멸종하지 않고 우리 곁에서 살아 움직이고 있어요!

식물도 날개가 있다?

식물 중에도 날개를 가진 종류가 있어요! 하늘을 나는 나무일까요? 단풍나무의 씨앗에는 마치 바람개비처럼 생긴 날개가 달려 있어요. 이 날개는 씨앗을 멀리 퍼뜨리기 위해 진화한 것입니다.

식물은 씨앗을 뿌려 후손을 남깁니다. 그리고 같은 자리에 평생 머물러 살아갑니다. 그래서 식물은 자신의 씨앗을 가능하면 멀리멀리 퍼뜨리려고 해요. 가까운 자리에 씨앗을 뿌리면, 같은 장소에서 서로 경쟁할 수밖에 없어요. 식물이 뿌리를 통해 빨아들이는 양분은 한정되어 있고, 부모 식물과 자식 식물이 그것을 서로 나누어 가져야만 하니까요. 게다가 자식 식물은 이미 커다랗게 자란 부모 식물에 가려져서 살아가는 데 꼭 필요한 햇빛을 잘 받지 못할 수도 있어요.

식물은 스스로 움직일 수 없기 때문에 씨앗을 멀리 퍼뜨리기 위해 다양한 구조를 진화해왔습니다. 어떤 식물은 동물 털에 붙어서 이동하기도 하고, 또 어떤 식물은 꼬투리를 터뜨려 씨앗이 멀리 튕겨 나가게 하기도 합니다. 단풍나무는 씨앗이 바람을 타고 날아가도록 진화했어요.

단풍나무의 씨앗에는 날개가 달려 있습니다. 길쭉한 날개의 한 쪽에는 씨

▲ 단풍나무 씨앗. 두 개가 한 데 붙어 있는 모습으로 열린다.

앗이 달려있고, 반대쪽은 공기를 잘 받도록 넓적하게 생겼어요. 씨앗이 잘 영글면 단풍나무 씨앗은 날개를 단 채 나무에서 떨어집니다. 이때 날개가 공기를 받아, 헬리콥터처럼 빙글빙글 돌면서 천천히 떨어집니다. 씨앗 부분은 무게 중심 역할을 하지요. 씨앗이 떨어질 때 바람이 불면 바람을 타고 멀리멀리 날아갑니다. 이렇게 먼 곳에 떨어진 씨앗이 싹이 터서 새로운 단풍나무로 자라나지요.

민들레 씨앗도 비슷한 방식으로 바람을 타고 퍼집니다. 둥그런 솜털같이 생긴 민들레 씨앗은 사실 씨앗 여러 개와 거기에 달린 솜털이 동그랗게 뭉쳐져 있는 것이에요. 씨앗 하나하나에는 길쭉한 자루가 달려있고, 그 끝에 솜털이 달려있지요. 씨앗이 모두 영글면 솜털이 펼쳐지고, 바람이 불면 그 바람을 타고 멀리멀리 날아갑니다.

식물도 동물처럼 날개가 달려있다니 신기하지 않나요? 이렇게 신기하고 놀라운 모습을 만들어낸 힘이 바로 진화랍니다.

다빈치파닥새 조립법 및 사용법

구성부품

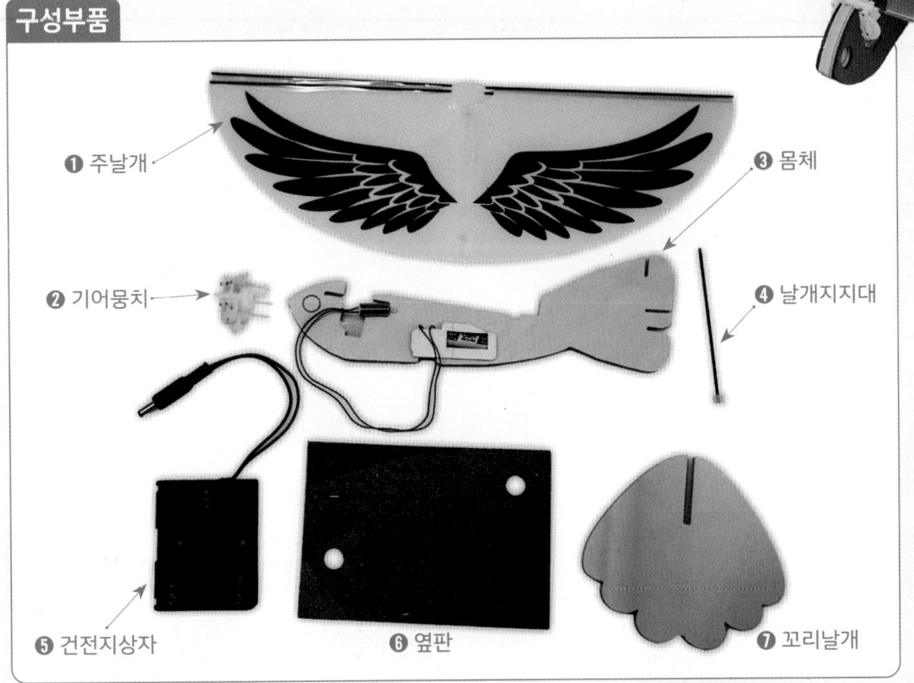

준비물

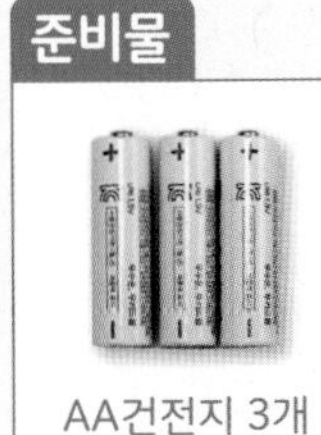

AA건전지 3개

주의사항

조립 전 !

- 조립하면서 다치지 않도록 주의해주세요.
- 나사 등 작은 부품이 있습니다. 질식 등의 위험이 있으니 삼키지 않도록 주의하세요.
- 조립법, 사용법, 주의사항을 잘 읽은 후 조립하세요.
- 안전을 위해 설명서의 사용법을 반드시 지켜주세요. 또 사용 중에 파손 변형된 제품은 사용하지 마세요.
- 부품은 잃어버리지 않도록 주의해주세요. 조립 도중 사용자에 의한 파손, 분실 등은 책임지지 않습니다.

조립 중 !

부품에 무리하게 힘을 가하면 부러질 수 있습니다.
특히 몸체판과 옆판, 꼬리날개를 무리하게 휘면 부러질 수 있으므로 주의하세요.

사용 중 !

- 넓은 공터에서 날리세요.
- 10~15초만 충전하세요.
- 움직이는 날개를 손으로 잡거나 하여 강제로 멈추려고 하지 마세요.

조립 방법이나 부품 불량 등에 관한 문의는 makersmagazine@naver.com으로 메일 주시기 바랍니다.

A 구동부 조립

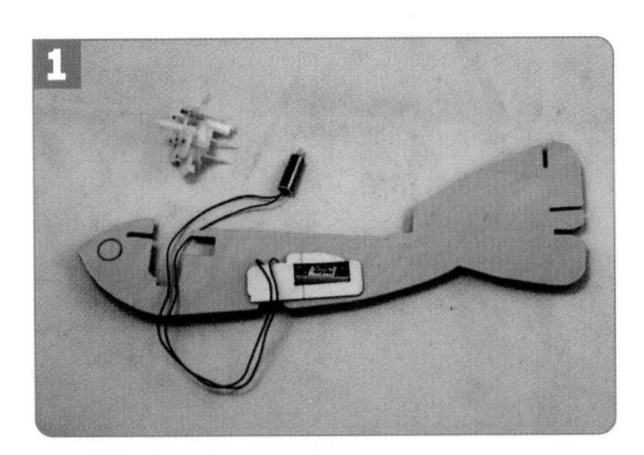

기어뭉치와 몸체를 준비합니다.

모터는 콘덴서와 전선으로 연결되어 있으며, 납땜이 되어 있습니다. 실수로 전선을 잡아당겨 끊어지지 않도록 주의하세요.

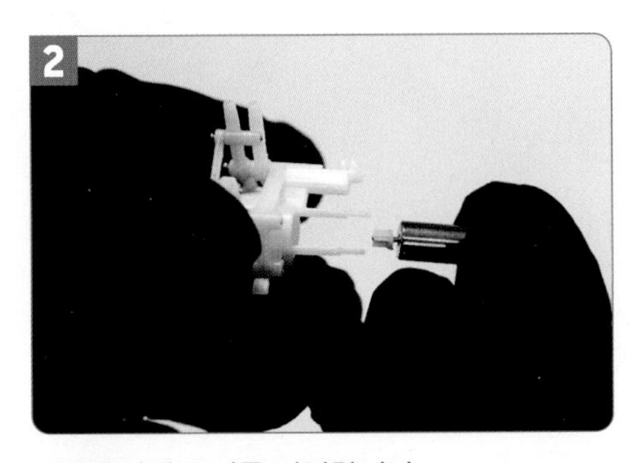

기어뭉치에 모터를 연결합니다.

모터의 끝에는 '피니언 기어'라는 작은 톱니바퀴가 달려있습니다. 이 피니언 기어가 기어뭉치의 톱니바퀴와 잘 맞물리도록, 끝까지 넣도록 합니다. 다 연결한 뒤에는 확실하게 맞물렸는지 조금 돌려보며 확인합니다.

이 안쪽을 잘 살펴보며 피니언 기어가 잘 맞물렸는지 확인합니다.

B 날개지지대 조립

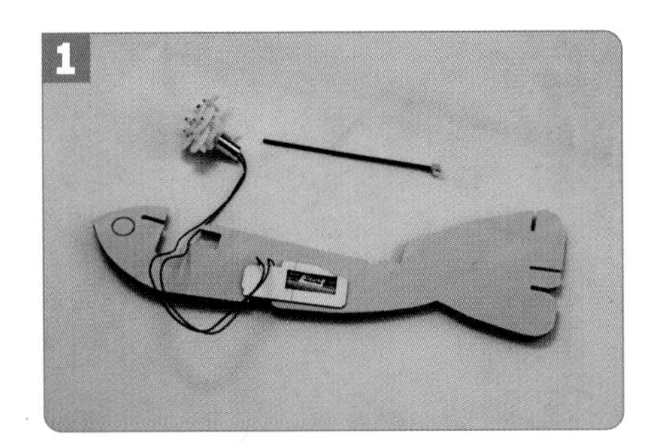

날개지지대를 준비합니다.

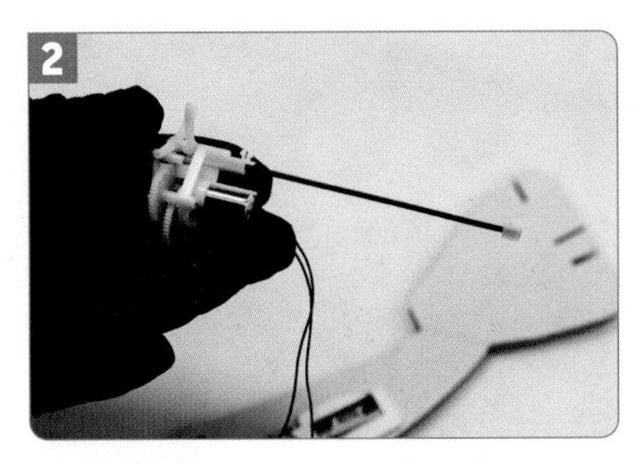

기어 뭉치에 날개 지지대를 끼웁니다.

이때, 흰색 플라스틱 부품에 달린 갈고리가 위쪽으로 오도록 조립합니다.

갈고리 위치에 주의합니다.

C 몸체 조립

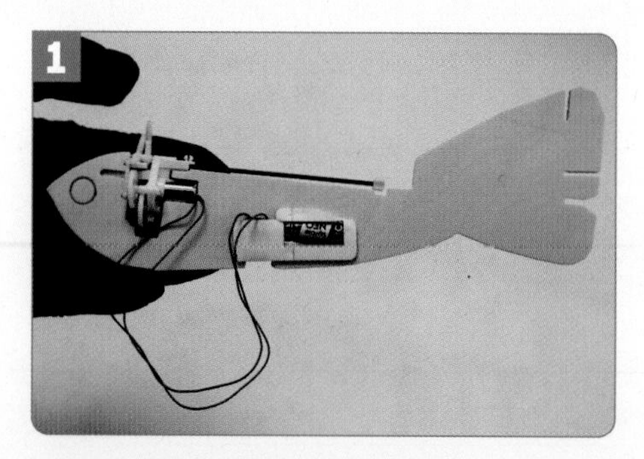

조립한 구동부를 몸체에 조립합니다.
우선 기어뭉치와 모터, 날개 지지대 부분을 몸체판에 사진과 같이 넣습니다.

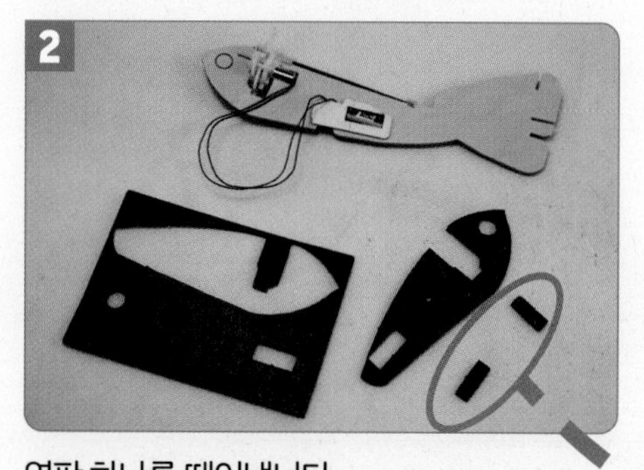

옆판 하나를 떼어냅니다.
옆판을 떼어낼 때 나온 작은 사각형 모양의 조각을 버리지 말고 잘 두도록 합니다. 이 조각은 이후 단계에서 사용해야 합니다.

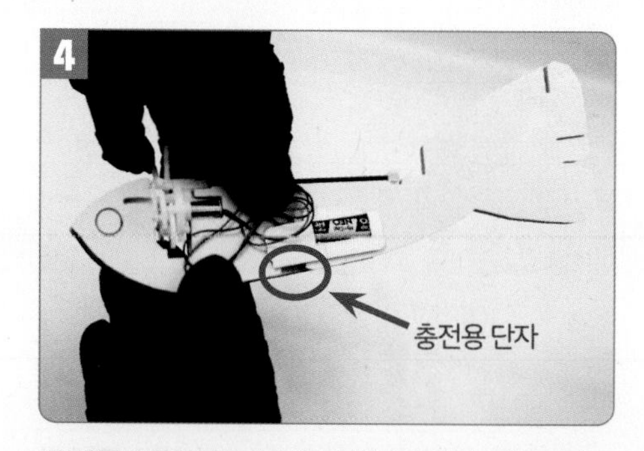

몸체를 반대편으로 돌려서, 전선이 잘 놓이도록 정리합니다. 이때 전선이 충전용 단자를 가로막지 않도록 주의하세요.
전선을 잘 구부려서 몸체판 안쪽에 잘 들어오도록 합니다. 전선이 너무 한 군데에 뭉치면 다음 단계에서 옆판을 붙였을 때 옆면이 울퉁불퉁해집니다. 전선이 충전 단자 앞을 가로막지 않도록 합니다.

3

떼어낸 옆판을 붙입니다.
옆판의 뒷면은 스티커로 되어 있습니다. 접착면을 보호하고 있는 종이를 떼어내고, 몸체판과 겹쳐지도록 맞추어서 붙이면 됩니다. 스티커의 접착력이 강한 편이기 때문에, 한번 붙으면 다시 떼어내기가 어렵습니다. 위치를 잘 맞춘 뒤 조심스럽게 붙이세요.

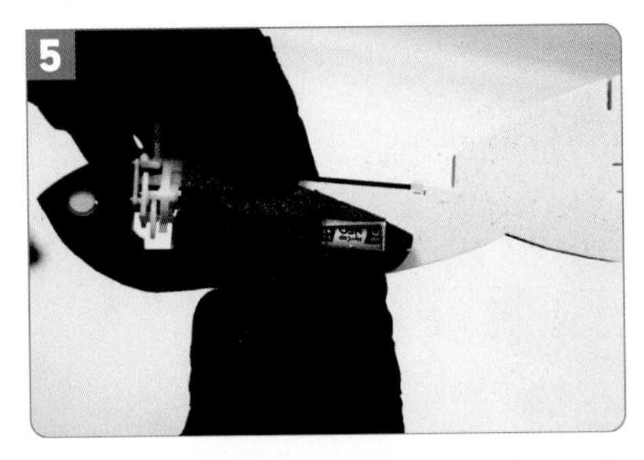
5

나머지 한쪽 옆판을 마저 붙인 뒤, 잘 눌러줍니다.

이때 앞서 정리한 전선이 흐트러지지 않고 옆판의 스티커 부분 안에 잘 고정되도록 합니다.

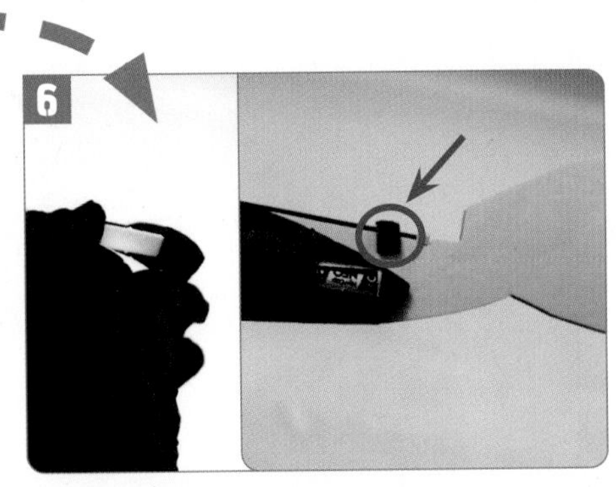
6

앞의 2번 단계에서 떼어낸 사각형 조각으로 날개지지대를 몸통에 고정합니다.

D 날개 조립

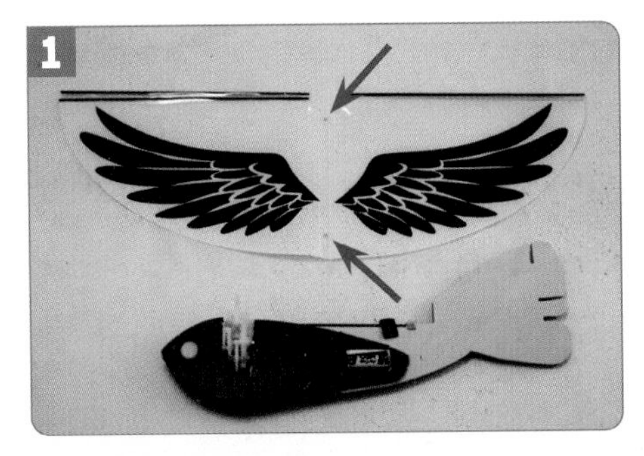
1

주날개를 준비합니다.

주날개의 가운데에 있는 두 개의 구멍을 확인합니다.

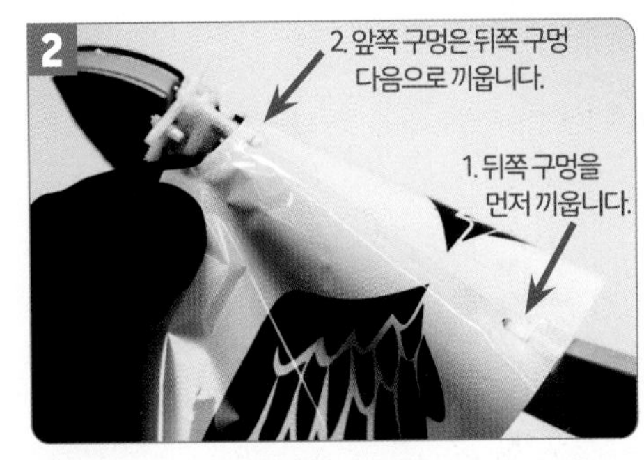
2
2. 앞쪽 구멍은 뒤쪽 구멍 다음으로 끼웁니다.
1. 뒤쪽 구멍을 먼저 끼웁니다.

먼저 뒤쪽 구멍을 날개 지지대의 갈고리에 걸어줍니다. 그 뒤, 날개의 앞쪽 구멍을 기어뭉치에 끼웁니다.

3

주날개의 뼈대를 기어뭉치에 끼웁니다.

주날개는 흰색 날개와 투명한 날개 두 겹으로 되어 있고, 여기에 뼈대가 각각 한 개씩 모두 네 개의 뼈대가 있습니다. 이 뼈대를 기어 뭉치의 날개 꽂는 자리에 잘 꽂아줍니다.

E 완성

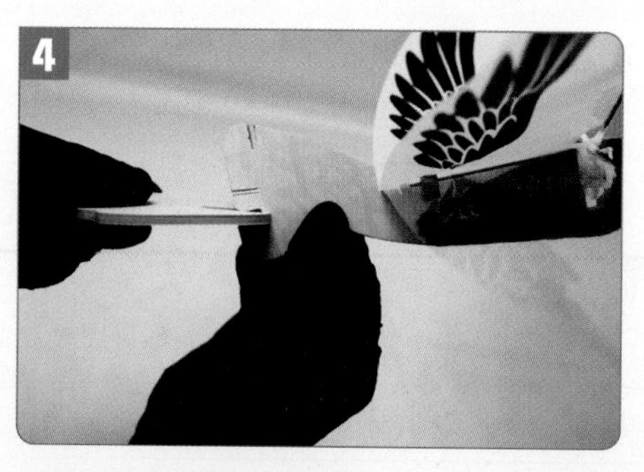

꼬리날개를 끼웁니다.

꼬리날개의 아래쪽 틈에 꼬리날개를 끼운 뒤,
꼬리날개의 수평이 잘 맞는지 확인합니다.

작동법

1. 건전지 상자에 AA 건전지 3개를 넣습니다.
2. 충전 단자를 연결하고 10~15초간 기다립니다.
3. 다빈치파닥새를 수평으로 잡고 날릴 준비를 합니다. 이때 머리 부분을 약간 더 높게 잡아주면 좋습니다.
4. 충전 단자를 뽑는 순간, 날개가 퍼덕입니다.
5. 다빈치파닥새를 잡은 손을 그대로 놓아주면 다빈치파닥새가 날아갑니다. 다빈치파닥새는 스스로 날개를 움직여 앞으로 나아가므로, 종이비행기를 날릴 때와 달리 앞을 향해 던지듯 날릴 필요가 없습니다.

주의사항

1. **넓은 공터에서 날리세요.**

   다빈치파닥새가 날아가다가 부딪힐만한 좁은 장소, 날아가다가 걸릴 만한 나무나 전깃줄 등이 없는 곳에서 날리세요. 만일 전깃줄에 걸렸을 때는 스스로 내리려고 하지 말고 주변의 어른들에게 알리도록 합니다.

2. **10~15초만 충전하세요.**

   너무 오래 충전하면 콘덴서가 과열되고 그 수명이 짧아지며, 콘덴서가 파손되어 누액이 샐 위험이 있습니다. 오래 충전한다고 해서 더 오래 날지 않습니다. 콘덴서에 충전되는 전기에너지의 양은 콘덴서에 따라 정해져있기 때문입니다.

3. **움직이는 날개를 손으로 잡거나 하여 강제로 멈추려고 하지 마세요.**

   날개가 부러지거나 기어뭉치 등이 파손될 우려가 있습니다.

꼬리날개 조정법

설명서대로 잘 만들어도, 만든 사람마다 혹은 날릴 때마다 날아가는 모습이 조금씩 다를 수 있습니다.

조정의 핵심은 꼬리날개, 그리고 허공에 놓아줄 때의 각도에 있습니다.

아래 내용을 참고해서 꼬리날개를 조정해, 오래 혹은 높이 날릴 수 있는 방법을 연구해봅시다.

곧바로 땅을 향해 곤두박질칠 때 :

다빈치파닥새가 위로 솟구칠지 아래로 떨어질지는 꼬리날개의 각도로 조정합니다.
다빈치파닥새가 곤두박질친다면 뒤쪽이 더 높게 들리도록 조정해보세요.

너무 빠르게 하늘로 솟아오를 때 :

꼬리날개의 뒤쪽이 너무 들려 있으면, 윗면이 공기 저항을 받아 다빈치파닥새의 몸체가 하늘로 들리게 됩니다.
꼬리날개를 좀 더 수평에 가깝게 조정해보세요.

다빈치파닥새의 꼬리날개는 거의 수평에 가깝지만 살짝 뒤가 들려 있을 때 가장 잘 날아다닙니다.

이렇게 하면 다빈치파닥새는 완만하게 하늘 높이 올라가거나 혹은 수평으로 어느 정도 날다가 높게 날아오르게 되어, 체공시간(공중에 떠 있는 시간)이 길어집니다. 탁 트인 야외에서 바람을 타고 이리저리 이리저리 날아다니는 다빈치파닥새의 모습은 마치 진짜 새처럼 보이기도 합니다.

QUIZ TIME!

자르는 선

1 (　　)는 15세기 이탈리아에 살았던 사람입니다. 그는 당대 최고의 화가이자 조각가로 유명했지만 과학 등 여러 분야에서 시대를 앞서나간 천재였어요.

6~7쪽을 보세요!

2 레오나르도 다빈치가 살았던 시대는 문화, 예술, 과학, 철학 등 다양한 학문이 발전했던 시대였어요. 이 시대를 '(　　) 시대'라고 합니다.

7쪽을 보세요!

3 고대 그리스 신화 속 인물인 (　　)는, 깃털과 밀랍으로 만든 날개를 달고 하늘을 날았다고 해요. 하지만 너무 태양 가까이 다가갔다가 날개가 망가져 추락했다는 전설이 있습니다.

13~14쪽을 보세요!

자르는 선

4 비행기가 발명되기 이전에도 사람이 탈 수 있는 비행체가 있었습니다. 뜨거운 공기를 거대한 풍선에 채워 하늘로 떠오르는 (　　　), 공기보다 가벼운 기체가 든 풍선에 추진 장치를 단 비행체인 (　　　) 등이 있었지요.

20~23쪽을 보세요!

5 공기가 데워지면 공기 분자의 운동이 활발해지고, 분자 사이의 거리가 멀어져서 부피가 커집니다. 그래서 (　　　) 공기는 (　　　) 공기보다 가벼워 위로 뜨게 됩니다. 이것이 열기구의 원리입니다.

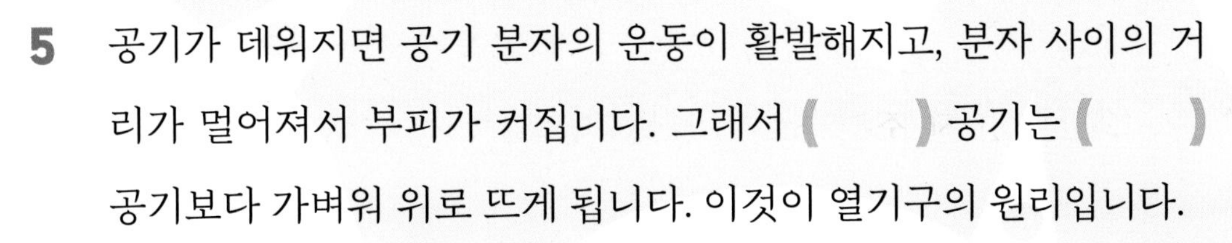

21쪽을 보세요!

6 (　　　) 형제는 1903년, 세계에서 처음으로 유인 동력 비행에 성공했습니다.

26~29쪽을 보세요!

7 날아가는 비행기에는 네 가지 힘이 작용합니다. 비행기를 앞으로 나아가게 하는 (　　　), 공기와의 마찰력 등 비행기가 앞으로 나아가는 것을 방해하는 (　　　), 비행기를 공중으로 떠오르게 하는 (　　　), 비행기를 아래로 끌어내리는 (　　　)입니다.

47쪽을 보세요!

자르는 선

8 흐르는 유체의 속도, 압력, 높이 사이의 관계를 밝힌 법칙이 '(　　　)의 원리'입니다. (　　　)의 원리에 의하면, 유체의 속도가 빠른 쪽이 느린 쪽보다 압력이 낮습니다.

50쪽을 보세요!

9 생물이 오랜 시간 동안 여러 세대에 걸쳐, 환경에 적응해 변화하는 것을 (　　　)라고 합니다. (　　　)를 통해 지구상에는 수없이 다양한 종류의 생명체들이 나타났어요.

60쪽을 보세요!

10 진화는 (　　　)와 (　　　)를 통해 일어납니다. 간혹 부모에게 없는 특징이 자손에게 생기기도 하는데, 이를 (　　　)라고 해요. 환경에 잘 적응한 생물이 더 잘 살아남아 자손을 많이 남기는 것을 (　　　)이라고 합니다.

60~61쪽을 보세요!

11 (　　　)은 새가 하늘을 나는 데도 중요한 신체 기관이지만 여러 가지 다른 기능도 합니다. 몸을 따뜻하게 하거나, 천적의 눈을 피하기 위해 보호색을 띠거나, 짝짓기를 할 때 상대방에게 멋지게 보이기 위한 장식 역할을 하기도 해요.

66쪽을 보세요!